Vertebrados fósiles de Jaén

INTERPRETACIÓN PALEOECOLÓGICA

Vertebrados fósiles de Jaén

Interpretación paleoecológica

Matías Reolid
Departamento de Geología, Universidad de Jaén

Jesús Reolid
Institut für Geologie, Universität Hamburg

Universidad de Jaén

Reolid, Matías

Vertebrados fósiles de Jaén : Interpretación paleoecológica / Matías Reolid , Jesús Reolid. -- Jaén : Servicio de Publicaciones, Universidad de Jaén, 2015. -- (Juan Pérez de Moya ; 8)

152 p. ; 17 x 24 cm

ISBN 978-84-8439-919-3

1. Vertebrados fósiles 2. Paleontología 3. Ecología 4. Jaén (Provincia) I. Reolid, Jesús, coaut. II. Universidad de Jaén. Servicio de Publicaciones, ed. III. Título.

566(460.352)

Con el agradecimiento institucional a la Consejería de Agricultura, Pesca y Medio Ambiente, Delegación Provincial de Jaén, y a la Dirección de Conservación del Parque Natural de las Sierras de Cazorla, Segura y las Villas.

Primera edición, septiembre 2015

Diseño y Maquetación
Servicio de Publicaciones

ISBN
978-84-8439-919-3

Depósito Legal
J-371-2015

Colección
Juan Pérez de Moya, 9

Edita
Publicaciones de la Universidad de Jaén
Vicerrectorado de Proyección de la Cultura, Deportes y Responsabilidad Social
Campus Las Lagunillas, Edificio Biblioteca
23071 Jaén (España)
Teléfono 953 212 355 – Fax 953 212 235
servpub@ujaen.es

Impreso por
Gráficas "La Paz" de Torredonjimeno, S. L.
Avda. de Jaén, s/n
23650 Torredonjimeno (Jaén)
Teléfono 953 571 087 – Fax 953 571 207

Impreso en España / *Printed in Spain*

ÍNDICE

Dedicamos este libro a nuestro padre
que desde pequeños cultivó en nosotros
el amor por la naturaleza.

AGRADECIMIENTOS

Queremos desde estas líneas expresar nuestro agradecimiento a todas aquellas personas que han hecho posible la realización de este libro.

En primer lugar, al Servicio de Publicaciones de la Universidad de Jaén, por hacer posible la publicación de este libro que, aunque de carácter divulgativo, ha conllevado una labor enorme de recopilación de material bibliográfico y de preparación de imágenes.

Al Departamento de Geología de la Universidad de Jaén por el apoyo humano y técnico que ha prestado en todo momento. Al Museo Arqueológico de Obulco (Porcuna) por facilitar el acceso y la toma de imágenes del diente de *megalodon* y, en especial, al responsable del museo, D. Luis Emilio Vallejo Delgado (Cuidador del Museo Obulco, Porcuna). Igualmente agradecemos a Markus Bertling las facilidades para trabajar con las muestras del Dr. Niemeyer que se encuentran en el Museo de Paleontología de Munster.

Al Dr. Alberto Pérez López (Universidad de Granada) por las imágenes y la información aportada acerca de las huellas de reptil del periodo Triásico, así como por facilitar la elaboración de réplicas de las huellas del reptil de Cambil. Éstas han sido realizadas por el técnico del Departamento de Estratigrafía y Paleontología de la Universidad de Granada, D. Serafín Montes. Al Dr. Ginés A. de Gea (Universidad de Jaén) por las fotos del teleosaurido de Bedmar. A los Dres. Manuel García Hernández (Universidad de Granada) y Félix Pérez Lorente (Universidad de La Rioja) por la información e imágenes suministradas acerca de las huellas de terópodos de la Sierra del Pozo.

Al Instituto de Estudios Albacetenses por suministrar el material bibliográfico referente al yacimiento de vertebrados fósiles del Triásico de Villarrodrigo-Bienservida, y permitir la reproducción de algunas figuras. También mostramos nuestro agradecimiento a Juan Antonio Morales (Universidad de Huelva) Editor Principal de la revista Geotema de la Sociedad Geológica de España, por permitirnos reproducir alguna de las imágenes del steneosaurio de Bedmar. Y a José María Cebria, Editor Principal de Estudios Geológicos, por permitirnos publicar las imágenes del diente de *Carcharocles megalodon*.

Finalmente, queremos agradecer la colaboración de Mélani Cazorla en el acabado y coloreado de las recreaciones artísticas de los animales que se mencionan en este libro, y la revisión crítica del trabajo por parte de la Dra. Mª Isabel Abad Martínez (Universidad de Jaén) y de un revisor anónimo. El resultado final ha sido fruto de la profesionalidad, el buen trabajo y el apoyo del personal del Servicio de Publicaciones de la Universidad de Jaén, Andrés Ramírez, Mª Rosalía Tudela y el Director José Ángel Marín.

1.- INTRODUCCIÓN

Recreación de un notosaurio típico del Triásico del mar del Tethys.

1.1.- LOS FÓSILES Y LOS ESTRATOS

La historia de la Tierra está escrita en las rocas. Las montañas, valles y playas que vemos no han estado siempre ahí. La lluvia, la nieve y el viento erosionan la superficie terrestre y van cambiando progresivamente el paisaje. Los ríos arrastran sedimento a las cuencas sedimentarias, siendo la más importante el mar, donde se deposita y se transforma en nuevas rocas. Los estratos son el diario de la Tierra. Cada página, cada estrato, contiene la información de cómo era el clima, el medio sedimentario o los animales que allí vivían en el momento de su depósito. De este modo, las sucesiones estratigráficas dejan registrada la historia de los procesos geológicos que han sucedido desde su depósito como sedimento blando no consolidado hasta convertirse en duras rocas cementadas y estratificadas. Como dijo poéticamente el escritor estadounidense H.P. Lovecraft en 1919: "El oceáno es más antiguo que las montañas y acarrea los recuerdos y sueños del tiempo".

Las enormes fuerzas que mueven continentes y levantan montañas, también actúan sobre los estratos (a priori, originalmente horizontales) basculándolos, plegándolos o comprimiéndolos. A veces, los pliegues se rompen o forman un bucle, de manera que las rocas más antiguas que antes estaban en el fondo, ahora están sobre materiales más modernos. Así, para organizar la historia geológica de una cuenca sedimentaria se necesitan pistas que indiquen en qué orden se formaron las rocas. Las pistas más útiles provienen de los fósiles.

Los fósiles son restos de animales y plantas, o de su actividad, que se han conservado en las rocas. Es decir, son la evidencia física de la vida en la Tierra desde que apareciera hace unos 3.550 millones de años. La palabra fósil proviene del término latino *fossilis/e* (de *fossus*), que hace referencia a cualquier objeto que está enterrado en la tierra. Por este motivo, el término se utilizó inicialmente para designar minerales, artefactos arqueológicos y cualquier piedra con forma curiosa. Sin embargo, desde el nacimiento de la Paleontología (ciencia que se dedica al estudio de la vida en el pasado) a finales del siglo XIX, el término fósil se refiere a aquellos restos correspondientes a organismos antiguos o al resultado de su actividad (huellas, pistas, perforaciones, excrementos…) que estén preservados en las rocas.

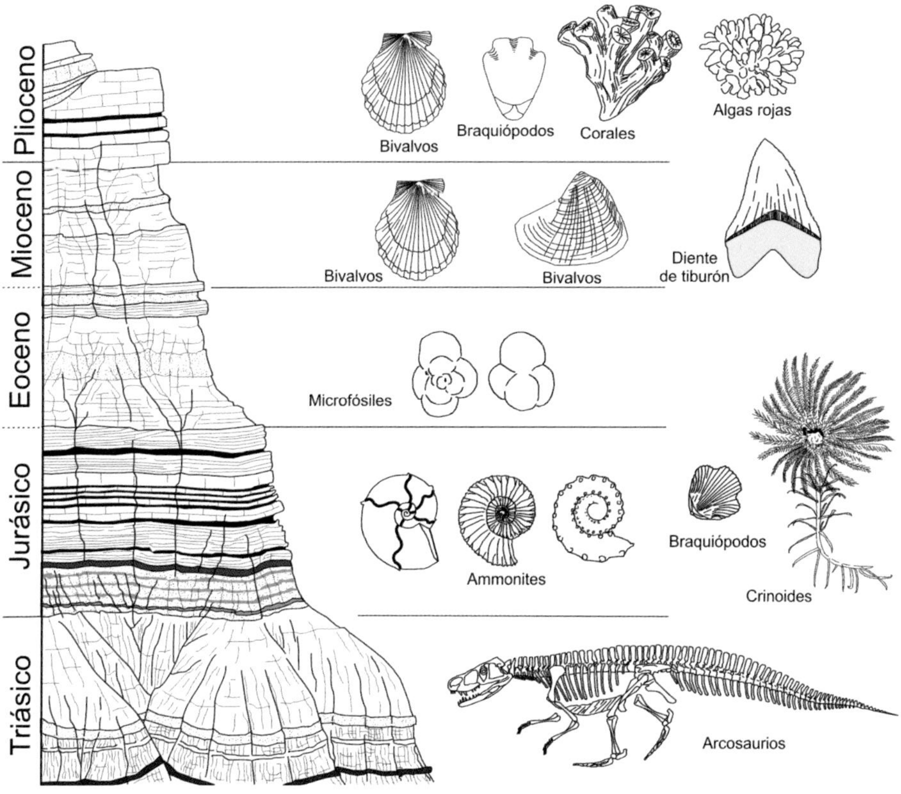

Figura 1. Ejemplo de serie estratigráfica con indicación del contenido fósil de los materiales depositados en cada intervalo de tiempo. Los cambios en los restos fósiles responden tanto a procesos evolutivos como a los cambios en los medios sedimentarios en los que vivieron y fosilizaron.

Normalmente, un fósil conserva elementos del cuerpo original de un organismo que ha sufrido un proceso de fosilización. Esto significa que ha muerto o ha producido un resto que ha sido enterrado y se ha preservado, lo que no implica necesariamente un amplio intervalo de tiempo, ni que los procesos conlleven la transformación de los restos corporales en roca. Sin embargo, en la práctica los científicos excluyen del término fósil, por ejemplo, a una concha enterrada en una playa moderna o a una persona enterrada en un funeral. Se elige como punto de corte arbitrario la base del Holoceno (13.000 años, límite máximo de resolución del C^{14}), que es el intervalo de tiempo geológico más reciente.

La taxonomía en los fósiles, es decir, su clasificación sistemática, obedece al Sistema Linneano, igual que para los organismos vivos. Es por esta razón que cada organismo (sea fósil o actual) se refiere por dos nombres que deben ir en cursiva, el primero correspondiente al género y el segundo a la especie, por ejemplo el ammonites *Dichotomoceras bifurcatus*, el terópodo *Tyrannosaurus rex*, o nosotros mismos, *Homo sapiens*.

Como indica la definición de fósil, los restos derivados de la actividad de los organismos que se preservan en las rocas, también se consideran fósiles, y son un tipo concreto denominado icnofósiles. La disciplina que estudia las trazas o pistas fósiles es una rama de la paleontología llamada icnología (o paleoicnología). Aunque en numerosas ocasiones no se conoce cuál fue el organismo autor de las trazas fósiles observadas en las rocas, éstas se clasifican también de acuerdo con el sistema de nomenclatura de Linneo. Es decir se les dan dos nombres, el primero referente al icnogénero y el segundo a la icnoespecie. Los icnogéneros e icnoespecies son términos que se empolean para sustituir a las entidades sistemáticas ordinarias o taxones, pero sin la significación biológica de éstos.

1.2.- EL PROCESO DE FOSILIZACIÓN

El proceso de fosilización es el conjunto de procesos de transformación de la materia viva en un resto mineralizado. Después de su muerte, las partes blandas de animales y plantas están sometidas a un rápido proceso de descomposición (putrefacción y fermentación). Las partes duras (conchas o esqueletos) desaparecen generalmente al cabo de un tiempo. La probabilidad de conservación de organismos en estado fósil está condicionada por una serie de circunstancias favorables. En primer lugar, depende de que exista un enterramiento rápido de los restos por sedimentos, de las características intrínsecas de los restos orgánicos enterrados (sobre todo que existan partes mineralizadas), y de las propiedades físicas y químicas del medio y de los sedimentos. Finalmente, el que hoy día se encuentre preservado el fósil en la roca depende de los procesos geológicos que han sufrido los sedimentos que contienen los fósiles, ya que las rocas sedimentarias pueden verse sometidas a temperaturas y presiones excesivas que conlleven transformaciones mineralógicas y texturales que acaben borrando cualquier evidencia del fósil.

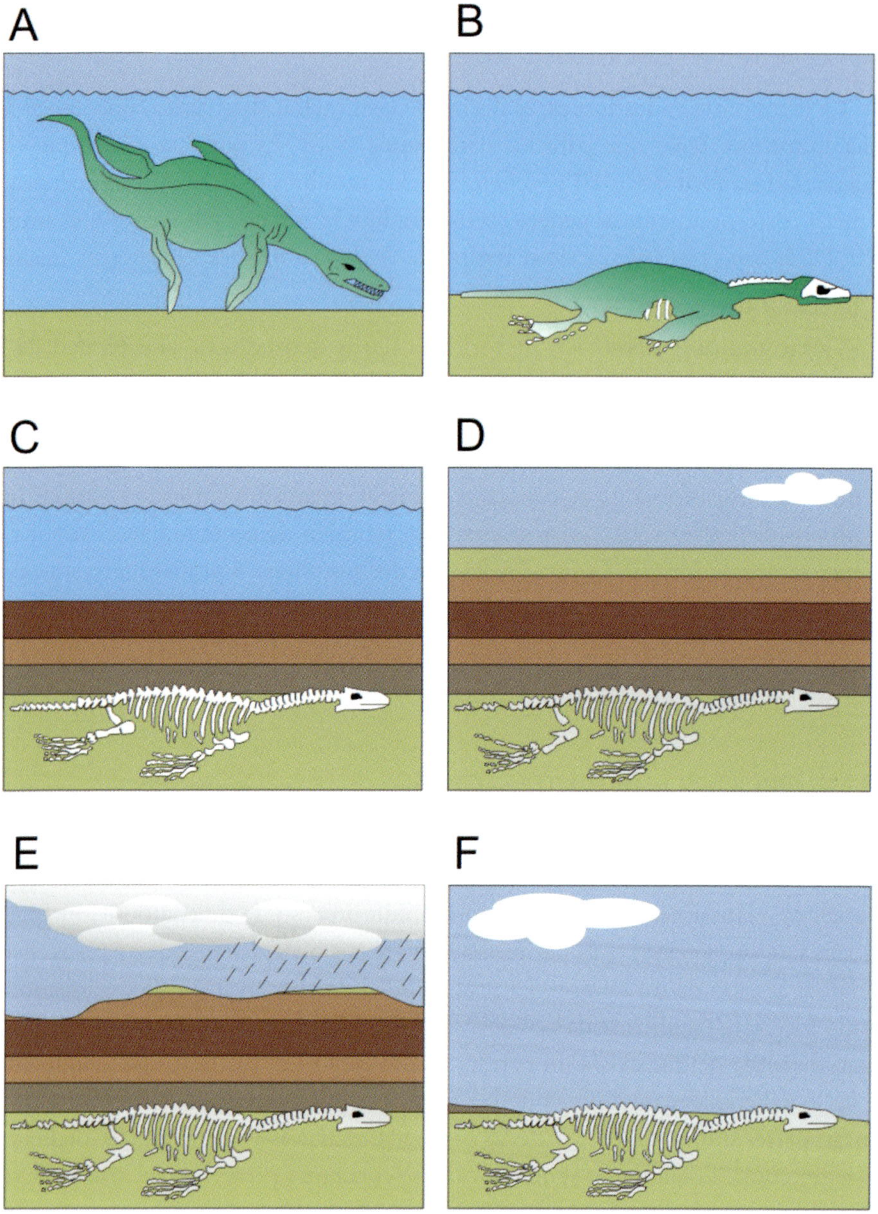

Figura 2. Ejemplo de posibles etapas que pueden acontecer desde la formación de los fósiles (proceso de fosilización) hasta que los encontramos en el afloramiento. (A) Muerte del organismo en un medio sedimentario, en este caso marino; (B) acumulación de los restos en el fondo y putrefacción de los tejidos no mineralizados; (C) enterramiento de los restos debido a la sedimentación de materiales; (D) transformación de los sedimentos en roca sedimentaria por medio de la diagénesis y que conllevan la transformación de los restos orgánicos en fósiles; (E) erosión de las rocas sedimentarias; (F) exhumación de los restos fósiles. Figura modificada de Reolid (2008).

Pero volviendo a las etapas iniciales del proceso de fosilización, una sedimentación rápida resulta favorable para la conservación de los restos, ya que limita el tiempo que actúa la destrucción mecánica, impide la acción del oxígeno y ralentiza e incluso detiene el proceso de descomposición. La composición química del medio condiciona enormemente la preservación de los restos. Así, en un medio ácido todos los restos calcáreos, como las conchas de los bivalvos, se disuelven rápidamente. Muchos restos de organismos, fundamentalmente partes duras mineralizadas como conchas y esqueletos, se han conservado como fósiles en sedimentos carbonatados o silíceos en medios acuáticos y fundamentalmente marinos, y es que los fósiles más comunes corresponden a ambientes marinos, donde la tasa de sedimentación es mayor. Puesto que los principales medios sedimentarios son acuáticos, la fosilización de organismos terrestres es más difícil y, comparativamente, son más escasos los restos fósiles de organismos terrestres que los de organismos acuáticos. La fosilización de organismos terrestres está, en ocasiones, asociada a las proximidades de ríos o lagos, o bien son el resultado del enterramiento por cenizas volcánicas, dunas de arena o en el interior de cuevas.

Como resultado de la descomposición de la materia orgánica, los restos mineralizados se vuelven más porosos y absorben las soluciones minerales que circulan por el sedimento. Frecuentemente, las conchas constituyen el núcleo de una recristalización que conlleva la trasformación de una mineralogía relativamente poco estable a una forma más estable. Este es el caso del aragonito de las conchas de algunos moluscos, que se transforma comúnmente en calcita durante el proceso de fosilización, o el caso del fosfato de calcio biogénico de los huesos de los vertebrados que recristaliza en una variedad de apatito más estable llamada francolita. En otras ocasiones, los restos se disuelven completamente y quedan únicamente los moldes (externos o internos) que conservan su morfología y su ornamentación, si la tuviere.

Las composiciones más frecuentes de los fósiles son carbonato cálcico, fosfato cálcico o sílice y, más raramente, pirita, limonita, y hematites, entre otros. Las plantas y los caparazones quitinosos aparecen por lo general como carbones, ya que la celulosa en ausencia de oxígeno se descompone en gas carbónico y metano que suelen escapar, dejando sólo el carbono.

Aquellos restos de organismos que no son inmediatamente destruidos por los procesos naturales (depredación, descomposición, arrastre mecánico, disolución química, etc.) y que, por tanto, han sido protegidos en el seno del sedimento, pueden sufrir con el paso del tiempo un enterramiento muy profundo debido a la dinámica de la corteza terrestre. Las elevadas presiones y/o temperaturas a las que las rocas sedimentarias y los fósiles contenidos en ellas puedes estar sometidas conllevan nuevas transformaciones mineralógicas y texturales, que, en definitiva, transforman la roca sedimentaria en una roca metamórfica generalmente desprovista de cualquier vestigio fósil. Realmente, sólo una pequeñísima cantidad de los organismos que han vivido sobre la Tierra se han preservado como fósiles hasta nuestros días. Por lo tanto, cada fósil es en sí mismo un testimonio único de la vida en el pasado.

1.3.- INTERÉS DE LOS FÓSILES

Los fósiles pueden ser estudiados desde un punto de vista biológico y geológico. Desde el punto de vista biológico, el interés de los fósiles radica en saber cómo se originó y se diversificó la vida en el pasado, y cómo vivían los organismos que dieron lugar a los mismos. Un aspecto de gran interés es conocer las estrategias que adoptaron las especies pretéritas para sobrevivir y las razones de su extinción.

Para la geología, los fósiles son especialmente interesantes como marcadores temporales de los estratos, ya que debido a la evolución, cada especie ha existido durante un intervalo limitado de tiempo. Así, a partir de los fósiles contenidos en las rocas, se puede establecer una escala de edad relativa para los conjuntos de estratos. Pero además, los geólogos y más concretamente los paleontólogos, utilizan los fósiles como indicadores paleoambientales en la reconstrucción de ecosistemas y medios sedimentarios del pasado. De este modo, los fósiles se hacen esenciales para descifrar cambios ambientales a lo largo del tiempo en una región determinada. Buena parte de esta información se extrae del conjunto de fósiles registrados en un mismo material así como del propio estudio de esa roca. Por lo tanto, se puede decir que un fósil aislado en una colección, sin ningún dato de procedencia, tiene escasa utilidad.

Son numerosos los afloramientos de fósiles que han sido expoliados por el coleccionismo. La actividad descontrolada de algunos coleccionistas ha conllevado en numerosas ocasiones la pérdida de información paleontológica de enorme interés para la ciencia y para la sociedad.

1.4.- METODOLOGÍA DE TRABAJO EN PALEONTOLOGÍA

La operación de recolectar fósiles es de gran relevancia y debe realizarse con el máximo cuidado, ya que de ello depende el resultado de posteriores investigaciones e interpretaciones. En el caso de fósiles de pequeño tamaño, su recolección es relativamente fácil, basta con un poco de práctica y un mínimo instrumental para llevarla a cabo (martillo de geólogo y cinceles). Por lo general, los fósiles se encuentran en las rocas sedimentarias, aunque las rocas sedimentarias de naturaleza detrítica gruesa como brechas y conglomerados casi nunca los contienen o los presentan mal conservados. Las rocas metamórficas pueden también contener fósiles siempre que el metamorfismo sufrido no haya sido demasiado intenso. Un ejemplo son las pizarras del Ordovícico de Sierra Morena donde aparecen restos de trilobites y graptolites, entre otros.

En el momento de la recolección tiene especial relevancia anotar cuidadosamente la localidad de procedencia de los fósiles, normalmente mediante siglas. Si no se toma este dato, la procedencia de la muestra se olvida fácilmente y la muestra pierde gran parte de su valor científico. La sigla de un fósil normalmente debe contener la abreviatura del lugar de recolección y el número del estrato al que pertenece.

Los fósiles presentan, en muchos casos, estructuras frágiles que fácilmente pueden fragmentarse una vez extraídos de la roca, así que resulta necesario protegerlos envolviéndolos, por ejemplo, en papel de periódico durante su transporte. Finalmente, los fósiles pueden limpiarse en el laboratorio con ayuda de un martillo, cinceles finos o un percutor de aire comprimido y, también, mediante abrasión y cepillado.

Cuando se trata de fósiles de gran tamaño, como ocurre especialmente en el caso de los vertebrados, suele ser necesario tomar una serie de medidas que permitan desenterrar los fósiles y extraerlos del yacimiento en buenas condiciones. En la excavación, se necesita emplear determinado número de personas adiestradas, así como preparar los restos con material consolidante antes de su extracción, para evitar su deterioro, algo habitual en restos fósiles de vertebrados. En muchas ocasiones, se hace necesario envolverlos en escayola para protegerlos durante su transporte hasta el centro de investigación y el tiempo de espera en el laboratorio hasta que se realiza su limpieza.

Existen tambien restos fósiles, como los rastros de pisadas de organismos, que por sus características o por la extensión de terreno que ocupan no pueden ser extraídos de la roca. En el caso de huellas fósiles, éstas son estudiadas en el afloramiento y sólo en ocasiones especiales son extraídas y transportadas a un laboratorio o museo. El estudio de un afloramiento de huellas fósiles se inicia con la limpieza de las pisadas y su consolidación con resina epoxídica, silicona o mortero para protegerlas de las condiciones meteorológicas adversas. Una vez limpio, se dibuja sobre el afloramiento una cuadrícula, generalmente con cuadrados de 1 m de lado, que mediante un sencillo sistema de coordenadas nos permitirá localizar las huellas. El contorno de las huellas también debe ser trazado, normalmente con tiza blanca o pintura acrílica que pueda ser eliminada por otro investigador que necesite ver las huellas en su estado original. Las distintas pisadas que constituyen un rastro se nombran con un número y las siglas del afloramiento. Una vez que todas las huellas han sido limpiadas, consolidadas, dibujadas, sigladas y localizadas en su cuadrícula se puede proceder a su estudio. Este consiste en la toma de medidas de la huella (longitud, anchura, ángulo entre dedos...) y de su relación con las otras huellas que constituyen el rastro (longitud de la zancada, ángulo de pisada...). Todas estas medidas ayudan a los icnólogos, paleontólogos que se dedican al estudio de las trazas fósiles, a interpretar el modo de locomoción del organismo y algunas de sus características anatómicas.

1.5.- INTRODUCCIÓN A LA GEOLOGÍA DE JAÉN

En la provincia de Jaén se pueden diferenciar tres grandes unidades que de norte a sur son: el Macizo Ibérico, la Depresión del Guadalquivir y la Cordillera Bética. Estas son, a grandes rasgos, las tres principales unidades geomorfológicas y estructurales de Andalucía. Así, el Macizo Ibérico en el norte de la provincia está representado por una penillanura de valles encajados, Sierra Morena, que mediante un "escalón" da paso a los relieves alomados y suaves de la Depresión del Guadalquivir en el centro de la provincia. Hacia el sur y el este se encuentra la Cordillera Bética (cadenas alpinas), representadas por enormes moles calcáreas como son las Sierras de Cazorla, Segura y Las Villas, por el este y Sierra Mágina y las sierras del sur de Jaén.

El Macizo Ibérico ocupa la mitad occidental de la Península Ibérica. Se formó durante la Orogenia Hercínica, que aconteció hace unos 300 millones de años. En este macizo podemos distinguir hasta siete zonas, de las cuales dos, la Zona Centro Ibérica (ZCI) y la Zona de Ossa Morena (ZOM) afloran en la provincia de Jaén. La Zona Centro Ibérica aflora al norte y constituye la mayor parte de los relieves de Sierra Morena, mientras que la Zona de Ossa Morena aflora al noroeste de la provincia en el área de Andújar. Las rocas ígneas, fundamentalmente granito, que afloran en el noroeste de Jaén, en las inmediaciones del Santuario de la Virgen de la Cabeza, marcan el límite entre ambas zonas (ZCI y ZOM). Un orógeno de colisión como el correspondiente a la Orogenia Hercínica implica procesos de naturaleza ígnea que quedan atestiguados por materiales graníticos. El Batolito de Los Pedroches es un afloramiento granítico de grandes dimensiones que se extiende hacia el oeste, adentrándose en la provincia de Córdoba, por el valle de los Pedroches, del que recibe su nombre. Hacia el este, los afloramientos de estos materiales son más discontinuos (entre Linares, Vilches, Navas de S. Juan y al norte de La Carolina) y constituyen un afloramiento de menores dimensiones que el de los Pedroches denominado Plutón de Santa Elena.

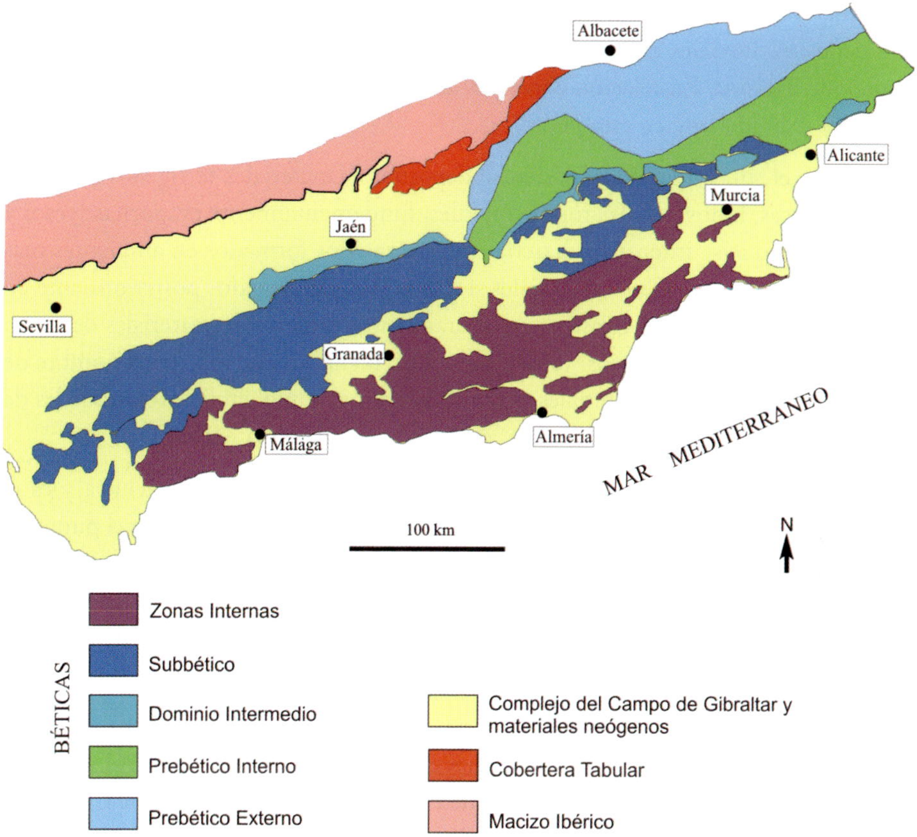

FIGURA 3. Mapa geológico de la Cordillera Bética (Zonas Internas, Subbético y Prebético).

El resto de los materiales que constituyen los afloramientos del Macizo Ibérico en la provincia son rocas metamórficas, pizarras y cuarcitas fundamentalmente, formadas a partir del metamorfismo de rocas sedimentarias depositadas en un medio marino. Son materiales paleozoicos de edades comprendidas entre el Ordovícico y el Carbonífero (500-340 millones de años). Destacan en el relieve las cuarcitas armoricanas, que proceden del metamorfismo de areniscas y que son muy resistentes a la erosión, dando relieves tan agrestes como el desfiladero de Despeñaperros o el Puntal del Montón de Trigo (El Centenillo), donde además los estratos son prácticamente verticales.

Durante la Orogenia Hercínica, todos estos materiales se plegaron y erosionaron dando lugar a una penillanura sobre la que se dispusieron, discordantes, materiales mesozoicos, concretamente triásicos (250-200 millones de años) y, localmente, jurásicos. Se trata de areniscas rojas horizontales, dispuestas sobre las rocas paleozoicas. A estos materiales se les denomina Cobertera Tabular de la Meseta. Mayoritariamente son depósitos fluviales de canales y llanuras de inundación de ríos desarrollados en el periodo Triásico. En relación con estos ambientes vivían grandes reptiles como se mostrará más adelante en esta obra.

Hacia el sur, durante el Triásico se depositaron materiales terrígenos de grano fino (areniscas, limos, arcillas rojas) con sales, fundamentalmente evaporitas (yesos y sal) entre los que se intercalan materiales carbonatados formados en ambientes marinos poco profundos. Estos materiales sí que fueron deformados posteriormente en la Orogenia Alpina y hoy constituyen afloramientos caóticos de materiales de grano fino de distintos colores (rojos, verdes, amarillos, blancos), que reciben el nombre de facies germánicas. Estos materiales se observan, por ejemplo, en las proximidades de Valdepeñas de Jaén, Cambil, Huelma, o el valle del Guadiana Menor.

La Depresión del Guadalquivir ocupa la parte central de la provincia y es el centro de la red de drenaje que recorre la provincia de este a oeste. Desde el punto de vista geológico se pueden diferenciar dos zonas: la septentrional, de relieve más suave y donde los estratos son horizontales y no deformados, y la meridional, denominada Complejo Olistostrómico del Guadalquivir, donde los materiales están deformados y presentan afinidad con las Zonas Externas de la Cordillera Bética.

La Depresión del Guadalquivir es una cuenca sedimentaria que se ha ido rellenando a lo largo de los últimos 65 millones de años y que, inicialmente, era un brazo de mar que se adentraba desde el Golfo de Cádiz, al tiempo que surgía la Cordillera Bética por el sur y el este de la provincia. Los materiales que la constituyen son sobre todo terrígenos de distinto tamaño de grano (arcillas, limos, arenas y conglomerados) y calcarenitas. Los más gruesos corresponden a depósitos de canales fluviales, mientras que las margas y calcarenitas suelen ser relleno marino de la depresión. En su parte meridional se encuentran materiales más antiguos (Mesozoico) mezclados con los autóctonos que se acaban de describir. Son los olistostromas de la cuenca, es decir, bloques de rocas del Mesozoico que cayeron en la cuenca sedimentaria conforme la Cordillera Bética se elevaba durante la Orogenia Alpina hace unos 15 millones de años.

Al sur y al este de la Depresión del Guadalquivir se encuentran los relieves de la Cordillera Bética. Las Béticas constituyen, junto al Rif (norte de África), la parte más occidental de las Cadenas Alpinas Mediterráneas. Forman un cinturón que se sitúa en el sur y sureste de la Península Ibérica con una longitud aproximada de 600 km y una anchura máxima de aproximadamente 200 km. La Cordillera Bética constituye un conjunto de alineaciones montañosas de dirección suroeste-noreste, que se extiende desde la provincia de Cádiz hasta el Cabo de la Nao (provincia de Valencia) y tiene su continuidad en las Islas Baleares. Esta cordillera está dividida en dos dominios tectono-paleogeográficos: las Zonas Externas situadas al norte (Sierra de Segura, Sierra Mágina, Sierra de Cabra o Sierra de Grazalema entre otras) y las Zonas Internas situadas al sur (Sierra de Filabres, Sierra de Baza, Sierra Nevada, Sierra de Tejeda o Sierra de las Nieves, por ejemplo). Ambos dominios muestran diferencias significativas en su historia sedimentaria, en su evolución tectónica y metamórfica, así como en la edad en que han sufrido la deformación alpina.

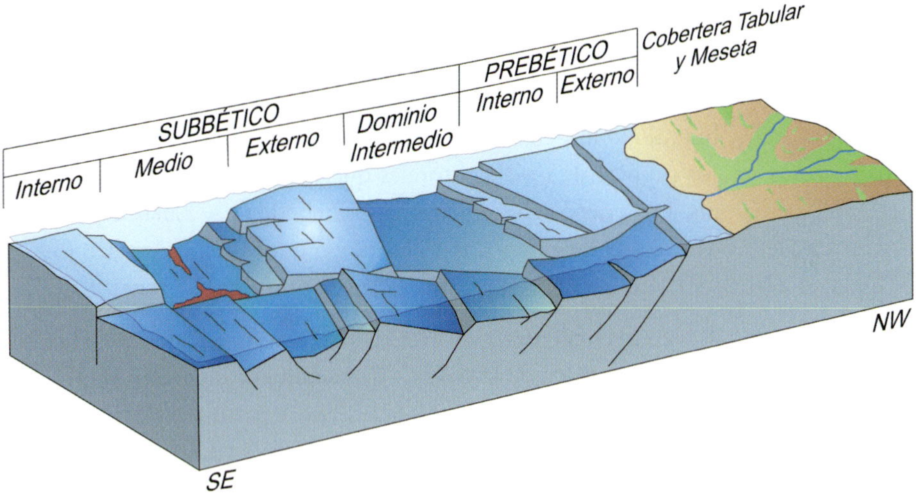

FIGURA 4. Perfil del margen sur de Iberia para el Jurásico superior y correspondencia con los dominios de las Zonas Externas de la Cordillera Bética (Subbético y Prebético).

Las Zonas Internas están constituidas esencialmente por materiales paleozoicos y triásicos, aunque localmente aparecen materiales mesozoicos y paleógenos. Este dominio se estructura en mantos de corrimiento que afectan indistintamente al zócalo y a la cobertera. Se encuentra afectado por metamorfismo regional de grado variable dependiendo del manto considerado.

En la provincia de Jaén afloran exclusivamente las Zonas Externas de la Cordillera Bética, que constituyen la parte meridional y oriental de la provincia, es decir, las sierras del sur de Jaén, Sierra Mágina y las Sierras de Cazorla, Segura y Las Villas. Actualmente y debido a la Orogenia Alpina, estos materiales forman parte de una cobertera sedimentaria intensamente deformada por pliegues y cabalgamientos vergentes en líneas generales hacia el norte. Es decir, la fuerza que los deformó lo hacía empujando desde el sur. Los materiales de las Zonas Externas son mayoritariamente de naturaleza calcárea y se depositaron en el margen meridional del Macizo Ibérico durante el Mesozoico y parte del Cenozoico. Estos materiales se formaron a partir de sedimentos que se depositaron en un medio marino del margen sur de Iberia, en el Tethys, océano precursor del actual Mediterráneo, y se plegaron durante la Orogenia Alpina que alcanzó su momento culminante hace unos 15 millones de años (Mioceno medio).

La línea de costas durante el Mesozoico se situaba en muchas ocasiones en lo que es hoy la provincia de Jaén. Se pueden distinguir claramente los depósitos correspondientes a medios sedimentarios litorales o de plataforma somera poco profunda de los que se formaron en medios sedimentarios marinos más abiertos, alejados de la costa y más profundos. El registro fósil de los primeros se caracteriza por la presencia de organismos bentónicos, es decir, que vivían ligados al fondo marino (bivalvos, esponjas, corales, braquiópodos, etc.). Además se han descrito grietas de desecación y paleosuelos, rasgos propios de medios litorales que quedaban emergidos durante determinadas épocas. Estos depósitos constituyen el Prebético y se hallan representados en las Sierras de Cazorla, Segura y Las Villas por el este y por el Aznatín (Sierra Mágina), La Mella y la Colina de Santa Catalina, entre otros, hacia el sur.

Al sur del Prebético se encuentran los materiales correspondientes a medios sedimentarios marinos más alejados de la costa. Estos sedimentos constituyen lo que se denomina el Subbético. El registro fósil del Subbético a partir del Pliensbachiense (Jurásico inferior) se caracteriza por presentar abundantes restos de organismos planctónicos o nectónicos, que vivían flotando o nadando en medios marinos abiertos (pelágicos). El caso más típico es el de los ammonites. En el caso concreto del Dominio Intermedio, tránsito al Prebético, son frecuentes los depósitos de flujos de sedimentos por gravedad desde la plataforma a zonas más profundas a través de cañones.

El Subbético está constituido fundamentalmente por rocas calcáreas, siendo más ricas en carbonatos las del periodo Jurásico y más margosas (con cierto contenido en arcillas) las del Cretácico. Estos materiales se depositaron en medios marinos pelágicos, es decir, lejanos a la costa. No obstante, al inicio del Jurásico inferior el Subbético era aún una plataforma carbonatada poco profunda.

Por último, hasta tiempos recientes y dentro del ámbito de las Zonas Externas de la Cordillera Bética, a pesar de la retirada del mar hacia el sur, han perdurado algunas cuencas sedimentarias como áreas marinas. Son las denominadas cuencas neógenas o postorogénicas. Estas cuencas se han rellenado de sedimento en los últimos millones de años (Mioceno y Cuaternario) y presentan entre otros fósiles, erizos y ostras. Un ejemplo de estas cuencas intramontañosas es la de Alcalá La Real.

1.6.- LOS VERTEBRADOS

Los vertebrados (vertebrata "que tiene vértebras") son un subfilum muy diverso de cordados que comprende a los animales con espina dorsal o columna vertebral compuesta de vértebras. Los vertebrados se caracterizan por tener simetría bilateral y estar provistos de un cráneo que protege el cerebro y un esqueleto, que incluye una parte axial que es la columna vertebral. Los vertebrados típicos tienen el cuerpo dividido claramente en tres regiones: cabeza, tronco y cola. El tronco a su vez está subdividido en tórax y abdomen y de él sobresalen las extremidades. La cabeza está bien diferenciada y agrupa y centraliza la mayoría de órganos sensoriales y nerviosos. La estructura craneal de los vertebrados ha conseguido mantenerse fácilmente en estado fósil, lo que ha hecho que sea fundamental para conocer su evolución. El esqueleto puede ser óseo o cartilaginoso. Algunos vertebrados pueden incluso presentar un dermoesqueleto, consistente en unas formaciones cutáneas esqueléticas.

Los vertebrados se clasifican en diez grandes grupos: los ciclóstomos y ostracodermos (son peces agnatos, es decir, sin mandíbulas, fósiles en su mayoría), los placodermos (peces fósiles acorazados), acantodios (con espinas dérmicas pero sin coraza), condrictios (peces cartilaginosos), osteictios (peces óseos), anfibios (ranas, sapos, salamandras), reptiles (serpientes, lagartos, tortugas, cocodrilos), aves y mamíferos.

Los vertebrados proceden inicialmente del mar y han conseguido evolucionar y pasar posteriormente al medio terrestre y al medio aéreo, los cuales dominan en la actualidad. La total liberación del medio acuático se llevó a cabo cuando un conjunto de vertebrados denominados amniotas adquirió la capacidad de generar membranas extraembrionarias (amnios, corion y alantoides) que permitió su reproducción fuera del agua. Esta innovación evolutiva que presentó el ancestro común de reptiles, aves y mamíferos, separa a los amniotas de los anfibios (o anamniotas, sin membrana amniótica). El huevo de los amniotas impedía la desecación fuera del agua lo que fue crucial para la colonización del medio emergido. Además, estos huevos contienen tal cantidad de nutrientes que el animal cuando nace ya ha alcanzado el estado maduro, presentando la morfología del adulto sin necesidad de una metamorfosis como la que ocurre en los anfibios. La fecundación evolucionó paralelamente a una fecundación interna al principio de la historia de los amniotas y la piel igualmente se hizo más resistente e impermeable (con la incorporación de queratina) lo que permitió definitivamente una desvinculación de la vida en el medio acuático. La piel de los reptiles carece casi por completo de glándulas cutáneas propias de otros vertebrados, por el contrario la epidermis desarrolla una serie de formaciones córneas a modo de escamas o placas que recubren todo el cuerpo. Debajo de esta piel muchos reptiles poseen además placas óseas de origen dérmico, como es el caso de las tortugas. Los amniotas primitivos eran parecidos a lagartos. De sus adaptaciones básicas a un modo de vida terrestre, los amniotas desarrollaron innovaciones locomotoras y se diversificaron inicialmente durante el periodo Carbonífero.

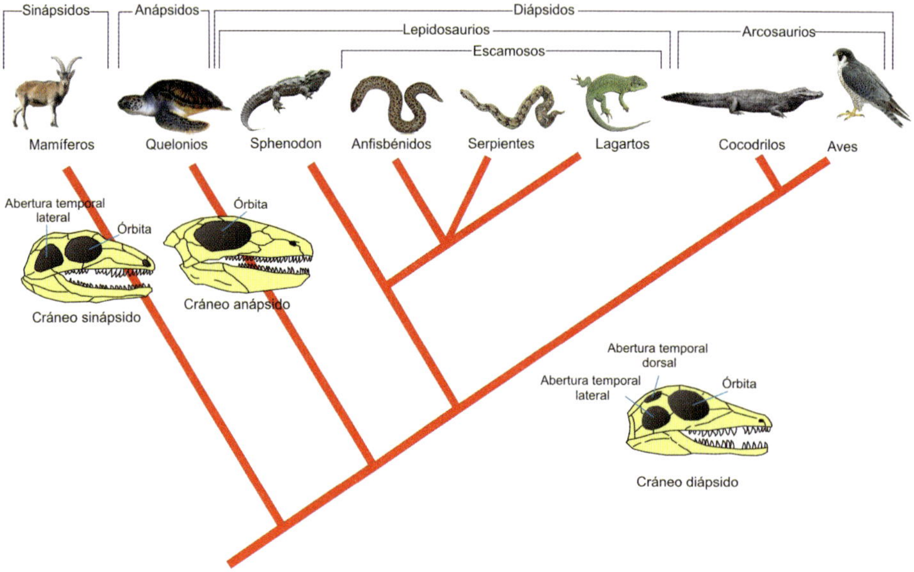

Figura 5. Clasificación de los tetrápodos amniotas. Modificada de Reolid y colaboradores (2013).

La clasificación de los amniotas se basa en los patrones de relación de los huesos del cráneo que rodean las fosas temporales. En los amniotas más primitivos no existe fosa temporal, forman la subclase Anápsida (por ejemplo tortugas). Hay otro grupo con una única apertura, una fosa temporal inferior, que forman la subclase Synápsida (por ejemplo mamíferos). Otro grupo presenta dos fosas temporales detrás de los ojos, y constituyen la subclase Diápsida. Finalmente, a partir de un grupo de diápsidos se produjo o bien la fusión de las dos fosas temporales o bien la pérdida de una de ellas, dando lugar a la subclase Euriápsida (por ejemplo notosaurios y plesiosaurios).

Los restos fósiles de animales vertebrados son muy escasos en la provincia de Jaén y tanto su registro como el de sus huellas constituyen hallazgos excepcionales pero que cubren una importante laguna en el conocimiento que tenemos de la vida en el pasado en el margen sur de Iberia. Los restos más comunes dentro de este panorama de escasez son los dientes de pez, los cuales suelen pasar desapercibidos por su pequeño tamaño. No obstante, cada vez son más los restos que los paleontólogos vamos descubriendo y estudiando. Pese a su escasez, los fósiles de vertebrados son de gran interés, en buena medida por su espectacularidad a nivel social. En esta obra se van a describir los restos de vertebrados descubiertos y estudiados hasta el momento dentro de los límites de la provincia de Jaén, y se hará siguiendo un orden cronológico de más antiguo a más moderno. La mayoría corresponden a organismos marinos o que vivieron próximos al mar, y es que como se mostró en el apartado anterior, la mayor parte de las rocas que aparecen en la provincia de Jaén, y en Andalucía en general, se formaron en antiguos fondos marinos, y por lo tanto los restos de vertebrados que se han preservado en ellas corresponden a algunos de los organismos que vivían en esos ambientes.

2.- TRIÁSICO

Disputa entre dos arcosaurios del Triásico medio.

2.1.- EL TRIÁSICO, TRAS LA GRAN EXTINCIÓN

Cuando los continentes se juntaron para formar el supercontinente Pangea en el periodo Pérmico (finales del Paleozoico) muchos hábitats, como los desarrollados en las líneas de costa y las áreas de plataforma marina, desaparecieron. Esto conllevó una disminución de hábitats y de diversidad. La configuración de Pangea conllevó además cambios en la circulación oceánica y en el clima, que se tornó sumamente cálido y árido. De este modo, numerosas especies se extinguieron. Sin embargo, parece ser que uno de los factores desencadenantes de la mayor extinción sufrida en la historia de la Tierra, la del límite Pérmico-Triásico, fue la actividad ígnea de las Trampas Siberianas o Siberian Traps (si bien esta no es la única hipótesis y se aduce también al impacto de un gran asteroide). Se produjo la emisión de enormes cantidades de lava que dieron lugar al denominado ciclo de la muerte con: A) emisión de grandes cantidades de CO_2, que favoreció un aumento de temperatura y así la liberación del metano atrapado en el fondo de los océanos, el cual favoreció aún más el efecto invernadero (entre 5 y 7ºC); B) el calentamiento global conllevó un estancamiento de las aguas lo que favoreció una anoxia en los océanos, y C) los gases volcánicos (CO_2, SO_2 y NO) mezclados con el vapor de agua produjeron lluvia ácida que afectó a la vegetación, deterioró el suelo y acabó llegando al mar. Esta erupción masiva produjo la extinción de aproximadamente el 90% de las especies.

Tras este apocalipsis, en el que la vida casi desaparece hace 250 millones de años (se extinguieron el 90% de las especies; el 52% de las familias de invertebrados marinos con el 96% de las especies y el 31% de las familias de organismos terrestres), se inicia el periodo Triásico. Pangea se localizaba casi simétricamente respecto al ecuador mientras que los polos se hallaban directamente sobre el océano al norte y al sur de Pangea. Esta disposición favoreció un clima continental extremo con grandes oscilaciones térmicas y escasas lluvias. A grandes rasgos, las temperaturas eran más elevadas que en la actualidad y todas las áreas alejadas de los márgenes continentales estuvieron muy posiblemente ocupadas por desiertos. Fueron, con toda seguridad, unas condiciones muy adversas.

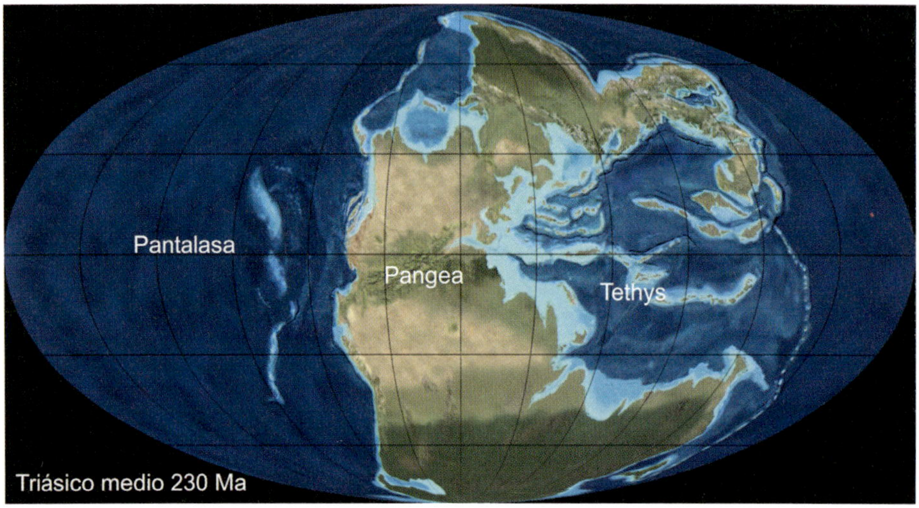

FIGURA 6. Mapa mundial paleogeográfico correspondiente al Triásico medio. Modificado de http://ja.ucc.nau.edu/rcb7/mollglobe.html

Sin embargo, el Triásico constituye una época de especial relevancia en la historia de la vida y, particularmente, en la evolución de los tetrápodos. Por un lado, los reptiles marinos que aparecen en el Triásico son las formas precursoras de aquellas que dominarán los mares ampliamente durante el Jurásico y Cretácico como los plesiosaurios, pliosaurios e ichtyosaurios. En el medio terrestre, aparecen nuevos grupos de reptiles que llegarán hasta nuestros días como cocodrilos y tortugas, pero también los antecesores de aquellas formas de tetrápodos dominantes en el Jurásico y Cretácico como son los dinosaurios, y aquellas dominantes durante el Cenozoico como mamíferos y aves.

2.2.- LA RUPTURA DE PANGEA

A principios del Mesozoico todas las áreas emergidas de la Tierra se encontraban prácticamente unidas formando el supercontinente Pangea. Era la segunda vez, que se sepa, que todos los continentes se unían en uno solo, por lo que en muchos libros se denomina a este supercontinente Pangea II. El resto del planeta estaba ocupado por un enorme océano denominado Pantalasa. Un entrante de este océano en el supercontinente Pangea fue el Tethys, una cuenca oceánica muy complicada desde el punto de vista de su historia geológica. Durante los últimos 200 millones de años, este entrante de Pantalasa ha tenido una evolución caracterizada por episodios de cierre y de apertura, que permiten diferenciar un Tethys inicial o Paleo-Tethys y un Neo-Tethys.

El gran continente Pangea (la segunda Pangea en realidad), que empezó a dividirse a principios del Mesozoico, dio lugar inicialmente a dos supercontinentes separados por el mar del Tethys: al norte, Laurasia y al sur, Gondwana. Esta división de las masas terrestres condujo a un aumento de la extensión de masas continentales así como a la configuración de provincias biogeográficas. Del margen continental norte de Gondwana se separó una gran placa alargada (o bien numerosas pequeñas placas, según se considere) que constituían lo que se ha llamado Cimeria. Esta placa se desplazó hacia el norte cerrando a su paso el Tethys original mientras que tras de sí dejaba hacia el sur una nueva cuenca marina, el denominado Neo-Tethys. Finalmente, Cimeria colisionó con Laurasia, dando lugar a una alineación montañosa (alpina) que constituye lo que conocemos como Turquía, Irán, Afganistán, Tíbet y Thailandia.

Pero volviendo al periodo Triásico, la progresiva fragmentación de Pangea fue, sin duda, favorable para la diversificación de los organismos marinos, pero también lo fue para los terrestres. A medida que Pangea se resquebrajaba, se abrían nuevas vías de agua en las que hallaban su "hogar" nuevas especies. A esto se unió la colonización de nuevos nichos ecológicos tras la extinción masiva de criaturas marinas que aconteció al final de la era Paleozoica (extinción del límite Pérmico-Triásico). La adaptación a nuevos recursos tróficos y ambientes conllevó que muchos vertebrados evolucionaran y se diversificaran. Así, las formas supervivientes a esta gran extinción continuaron diversificándose de manera que a mediados del Triásico aparecieron los primeros cocodrilos, las primeras tortugas, reptiles marinos como los ictiosaurios o los notosaurios, los dinosaurios y los primeros mamíferos.

Concretamente en tierra firme, un grupo de reptiles denominados arcosaurios, entre los cuales se encontraban los dinosaurios primitivos, fueron evolucionando y diversificándose, de modo que desplazaron a los reptiles terápsidos que habían sobrevivido a la gran extinción y a algunos grandes anfibios. En el Triásico medio tuvo lugar la primera gran radiación de los arcosaurios originándose entre otros los rauisúquidos, prestosúquidos y los primeros dinosaurios. Los rauisúquidos fueron en buena medida similares a los cocodrilos pero con las patas situadas debajo del cuerpo y la cola erguida. Son numerosas las huellas fósiles de estos reptiles en medios costeros

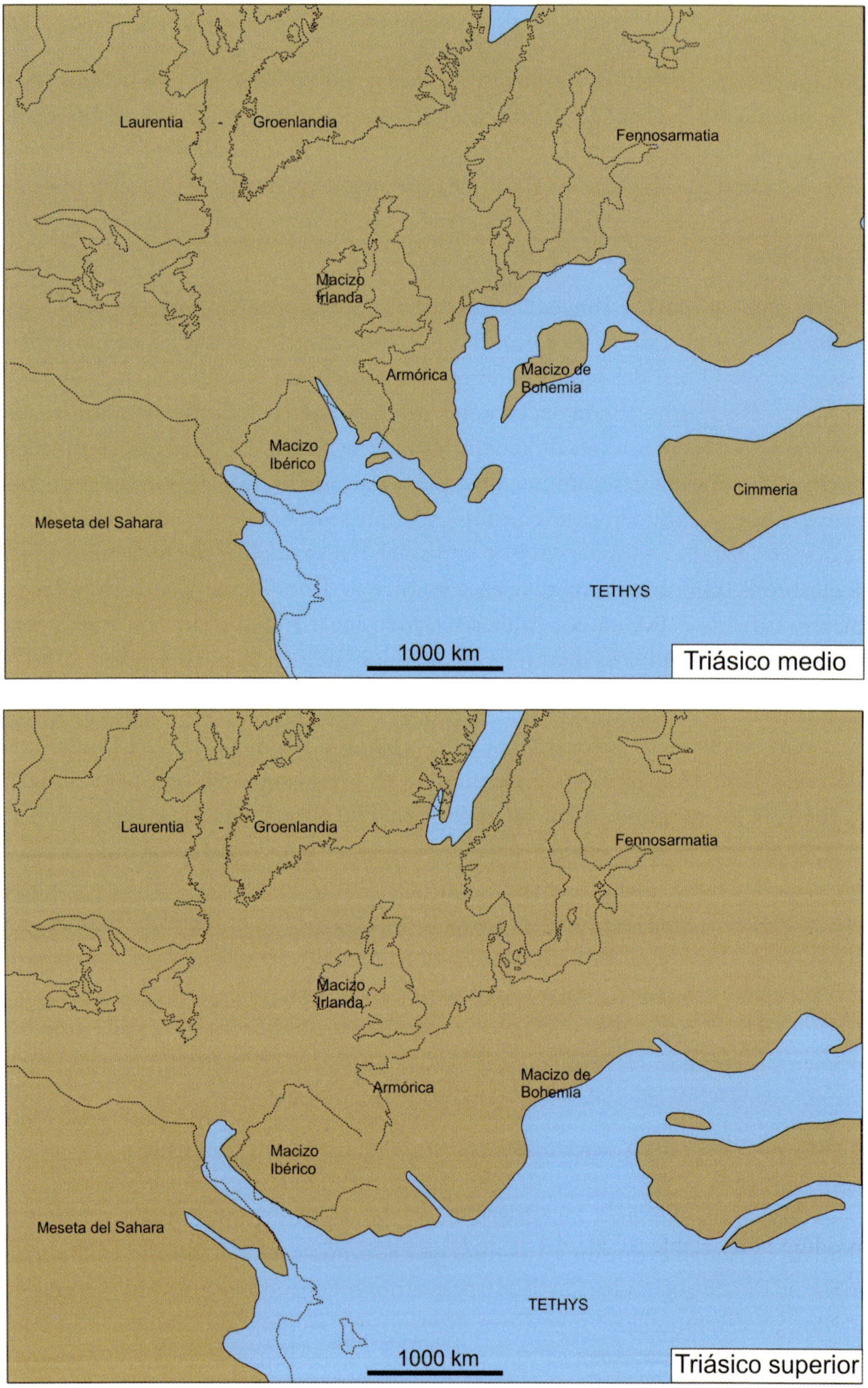

Figura 7. Paleogeografía del Tethys occidental durante el Triásico medio y el Triásico superior, cuando se depositaron las facies Muschelkalk y Keuper respectivamente. Las líneas discontinuas indican los límites costeros actuales. Paleogeografía inspirada en las cartas de Ziegler (1988).

y aluviales del Triásico medio de Europa, incluida la Península Ibérica. Algunos de estos arcosaurios como el *Ticinosuchus*, el *Saurosuchus* y el *Batrachotomus* fueron terribles predadores que pudieron superar los 5 m de longitud. Fue también en el Triásico medio cuando los primeros dinosaurios aprovecharon las ventajas adaptativas que les proporcionaban sus innovaciones evolutivas que resultaron en un diseño corporal revolucionario, que les permitió desplazar a los reptiles terápsidos y colonizar nuevos ambientes en una radiación de diversidad que culminaría en el Jurásico, periodo de clara dominación de los dinosaurios en los ecosistemas terrestres. El registro fósil indica que ya a finales del Triásico existían representates de prácticamente todos los linajes de dinosaurios.

En el mar, proliferaron cuatro grupos principales de reptiles, todos ellos con un patrón craneal euriápsido pero cada uno de ellos con muy diferentes adaptaciones al medio acuático. Estos fueron los placodontos (formas robustas en ocasiones acorazadas recordando a las tortugas), los pachypleurosaurios (animales alargados con cuello y cola largos y extremidades a modo de remos), los notosaurios (similares a los pachyplerosaurios, pero menos alargados) y los ictiosaurios (los mejor adaptados al medio acuático con forma de delfín).

2.3.- LAS CAPAS ROJAS Y LAS FACIES GERMÁNICAS

Durante el periodo Triásico, el sur de Iberia era una extensa llanura costera afectada por los cambios relativos del nivel del mar. Esta llanura costera estaba surcada por ríos que depositaban conglomerados, limos y arcillas que hoy se reconocen claramente por su color rojo. Es lo que, en la Cobertera Tabular que rodea la meseta, se denominan Capas Rojas. Más al sur, los materiales triásicos tienen una mayor influencia marina, y se han diferenciado tradicionalmente tres conjuntos rocosos denominados Facies Germánicas porque fueron inicialmente descritas en el sur de Alemania: El *Bundsandstein* que presenta unas características similares a las Capas Rojas de la Cobertera Tabular de ambientes fluviales, el *Muschelkalk* que corresponde a carbonatos marinos ricos en restos fósiles y el *Keuper* que representa medios costeros de tipo sabka con abundancia de yesos y otras evaporitas.

Sobre el *Bundsanstein*, hace unos 245 millones de años, en el Triásico Medio, se produjo una notable subida del nivel del mar, de tal manera que casi todo el sur de Iberia quedó sumergido bajo las aguas del Tethys, que iba expandiéndose de este a oeste. Se formó así un mar poco profundo en el que se depositaron gran cantidad de sedimentos y lodos carbonatados en la plataforma marina. Actualmente, estos materiales son rocas ricas en restos fósiles de conchas, que constituyen el *Muschelkalk*, que significa caliza conchífera.

Las calizas en facies *Muschelkalk* afloran en bastantes lugares del este y sur de la provincia de Jaén. En el este de la provincia, los afloramientos mejor expuestos se sitúan en la transversal Hornos-Siles. En el sur, los más conocidos se encuentran desde Valdepeñas de Jaén hasta Cabra del Santo Cristo y, entre ellos, destaca el afloramiento de Cambil. También, en el sureste existen materiales triásicos en el sector de Huesa-Pozo Alcón.

En los mares poco profundos del Triásico Medio de Jaén habitaron muchos tipos de organismos tanto invertebrados como vertebrados. De ellos se conservan algunas de sus partes duras como conchas, caparazones, huesos, dientes, etc. Pero también es fácil ver pistas y señales de la actividad que estos organismos y otros que no tenían partes duras (algunos tipos de gusanos) dejaban en el fondo del mar como fruto de su actividad. Los restos de invertebrados que se pueden encontrar en las rocas del Triásico Medio de Jaén son principalmente bivalvos, cefalópodos, gasterópodos, serpúlidos, equinodermos y, minoritariamente, escafópodos y braquiópodos. En cuanto a vertebrados, los restos fósiles corresponden a peces y sobre todo a reptiles marinos como notosaurios y placodontos. Algunos de estos yacimientos con restos de vertebrados han sido estudiados en detalle por el paleontólogo Matías Reolid de la Universidad de Jaén.

Los bivalvos son los restos fósiles más abundantes en estos sedimentos. Estos moluscos son organismos filtradores que se alimentan de partículas y microorganismos en suspensión y poseen una concha formada por dos valvas. Entre los principales bivalvos que aparecen en los materiales del *Muschelkalk* de Jaén se pueden destacar los siguientes géneros: *Gervillia, Costatoria*, *Pseudoplacunopsis*, *Bakevellia*, *Pseudocorbula*, *Lyriomyophoria*, *Neoschizodus*, *Leptocondria*, *Modiolus*, *Pleuromya* y *Myophoria.* Los cefalópodos (nautiloideos y ammonoideos) son menos frecuentes. Estos organismos poseen una concha externa mineralizada y enrollada en una espiral plana, a su vez dividida en cámaras por tabiques (septos). Eran organismos nadadores que se ayudaban de numerosos tentáculos para nadar y capturar peces y crustáceos. En la provincia de Jaén sólo se conocen dos especies de nautiloideo para el Triásico: *Germanonautilus bidorsatus* y *Paranautilus pseudobrembanus*. Los ammonoideos, similares a los nautiloideos, aunque de concha más fina, son de gran interés por su importancia para caracterizar la edad relativa de los materiales donde se encuentran. Se han encontrado ammonoideos triásicos en el sector de Hornos-Siles y en Valdepeñas de Jaén. Los géneros de ammonoideos más representativos en la provincia de Jaén son: *Protrachyceras*, *Gevanites*, *Proarcestes*, *Hungarites*, *Progonoceratites* y *Ceratites*.

Sin embargo, la transgresión marina que dio lugar a las facies *Muschelkalk* no llegó a lo que se conoce hoy en día como Cobertera Tabular donde siguieron dominando las facies de Capas Rojas durante el Triásico medio.

Posteriormente, el Triásico está caracterizado por un descenso relativo del nivel del mar y el depósito nuevamente de materiales ligados a llanuras costeras y sabkas donde fue común el depósito de evaporitas como yesos y sales. Así, sobre los materiales del *Muschelkalk* se encuentran nuevamente materiales detríticos finos (arenas, limos y arcillas) con abundante yeso, que constituyen las facies germánicas denominadas *Keuper*.

2.4.- YACIMIENTOS DE VERTEBRADOS E INUNDACIONES CATASTRÓFICAS

En la Cobertera Tabular, área más próxima al Macizo Ibérico caracterizada por presentar materiales triásicos denominados Capas Rojas (con rasgos similares al *Buntsandstein*), predominaron los depósitos continentales de origen fluvial, principalmente arenas y limos de color predominantemente rojo y, a veces, verde o violáceo. Estos materiales fueron depositados en un ambiente fluvio-costero como evidencian las intercalaciones de yesos, que se hacen más frecuentes hacia el Triásico superior, donde presenta las características propias de las facies *Keuper*. Los materiales de la Cobertera Tabular aparecen bordeando los relieves de Sierra Morena, con continuidad desde el norte de Villanueva de la Reina, siguiendo por Vilches y Chiclana de Segura hasta más allá de Alcaraz, en la provincia de Albacete. El espesor de la Cobertera Tabular llega a alcanzar los 300 m.

En el sector oriental de la Cobertera Tabular en la provincia de Jaén, entre las localidades de Puente Génave y Villarrodrigo, estos materiales presentan un nivel calcarenítico de un espesor inferior a 90 cm en la base de la sucesión sedimentaria, caracterizado por presentar en algunas localidades abundantes restos de vertebrados. Esta capa, con una base irregular erosiva, se caracteriza por mostrar un espesor muy variable lateralmente, a veces acuñándose en pocos metros. La capa, además, muestra distintos intervalos con estructuras sedimentarias tales como laminación horizontal, laminación cruzada y *hummocky*, que indican que se depositó en condiciones de alta energía. El techo a veces preserva *ripples* fosilizados. Incorporados en esta capa se encuentran también cantos de barro que fueron arrancados del material infrayacente. La parte superior de esta capa, más carbonatada, presenta numerosas trazas fósiles de los icnogéneros *Spongeliomorpha* y *Thalassinoides*, producidas por crustáceos que indican su origen marino. A techo, son localmente numerosos pequeños bivalvos y gasterópodos (<5 mm) que pueden llegar a formar pavimentos de conchas.

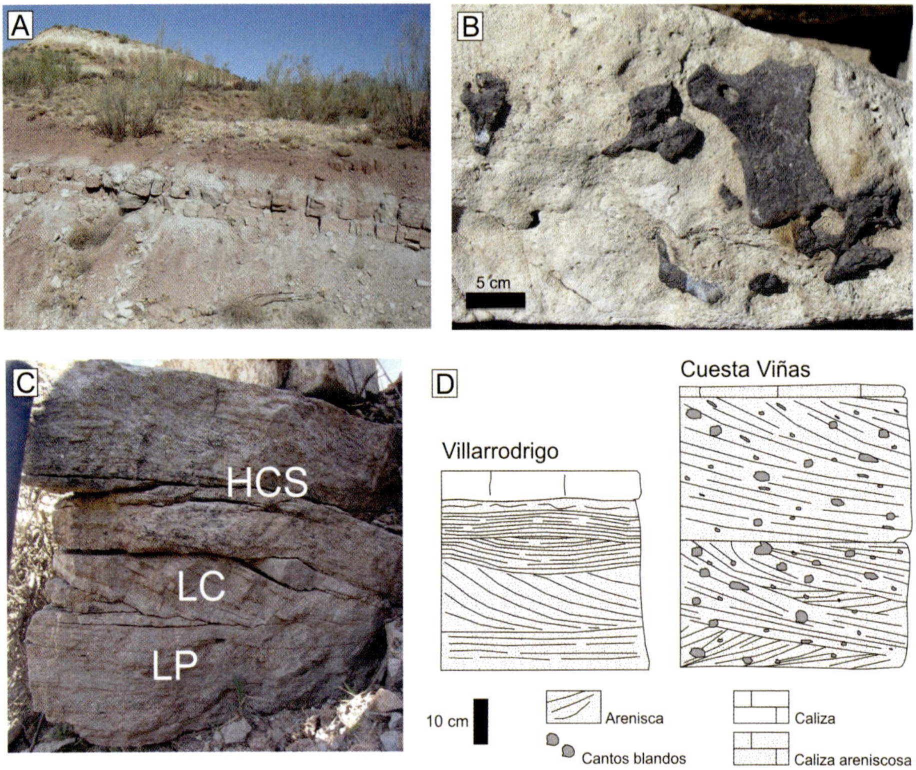

Figura 8. Foto de campo de la capa de inundación del Triásico del noroeste de Jaén: (A) vista de la capa entre arenas y limos rojos en las proximidades de Las Atalayas; (B) diferentes restos fósiles incluidos vértebras e isquion en la superficie de la capa de inundación; (C) y (D) ejemplo de estructuras sedimentarias presentes en la capa que registra la inundación en los afloramientos de Cuesta Viñas y Villarrodrigo. Nota: LP, laminación paralela; LC, laminación cruzada; HCS, *hummocky cross stratification* (estratificación cruzada tipo hummocky).

Sin embargo, lo más llamativo de esta capa es la alta concentración de restos de vertebrados fósiles en su parte superior, como se han encontrado en algunas localidades (Las Atalayas, La Puerta de Segura o Villarrodrigo). Estos restos corresponden a reptiles marinos sauropterigios (notosaurios, pachypleurosaurios y placodontos). No se encuentran nunca articulados y son, normalmente, restos individuales de diferentes ejemplares. Predominan los restos de notosaurios, fundamentalmente vértebras, centros vertebrales aislados y costillas y, en menor proporción algún fémur, húmero, isquion, escápula y un fragmento de mandíbula que incluye un diente. En el caso de los restos de placodontos, además de numerosas vértebras, también son abundantes las piezas dentales y fragmentos de los escudos dérmicos. Los restos de vertebrados aparecen en muchas ocasiones fragmentados aunque no redondeados, es el caso de las espinas neurales en las vértebras o las roturas a partir de las epífisis en los huesos largos de las extremidades.

Figura 9. Fotos de campo de restos aislados de reptiles marinos, principalmente notosaurios, en la capa de inundación procedentes de las secciones de Villarrodrigo y Las Atalayas: (A) arco neural de una vértebra dorsal en vista lateral derecha y una larga espina neural correspondiente a *Nothosaurus mirabilis*; (B) vista lateral de una espina neural; (C) vértebra mostrando el centro y el arco neural; (D) vista posterior de una vértebra con centro masivo, procesos transversales, y postzigapofisis, con la espina neural rota; (E) vértebra mostrando la espina neural; (F) fragmento de costilla desde la región torácica media; (G) posible fémur de un notosaurio. Barra de escala 1 cm.

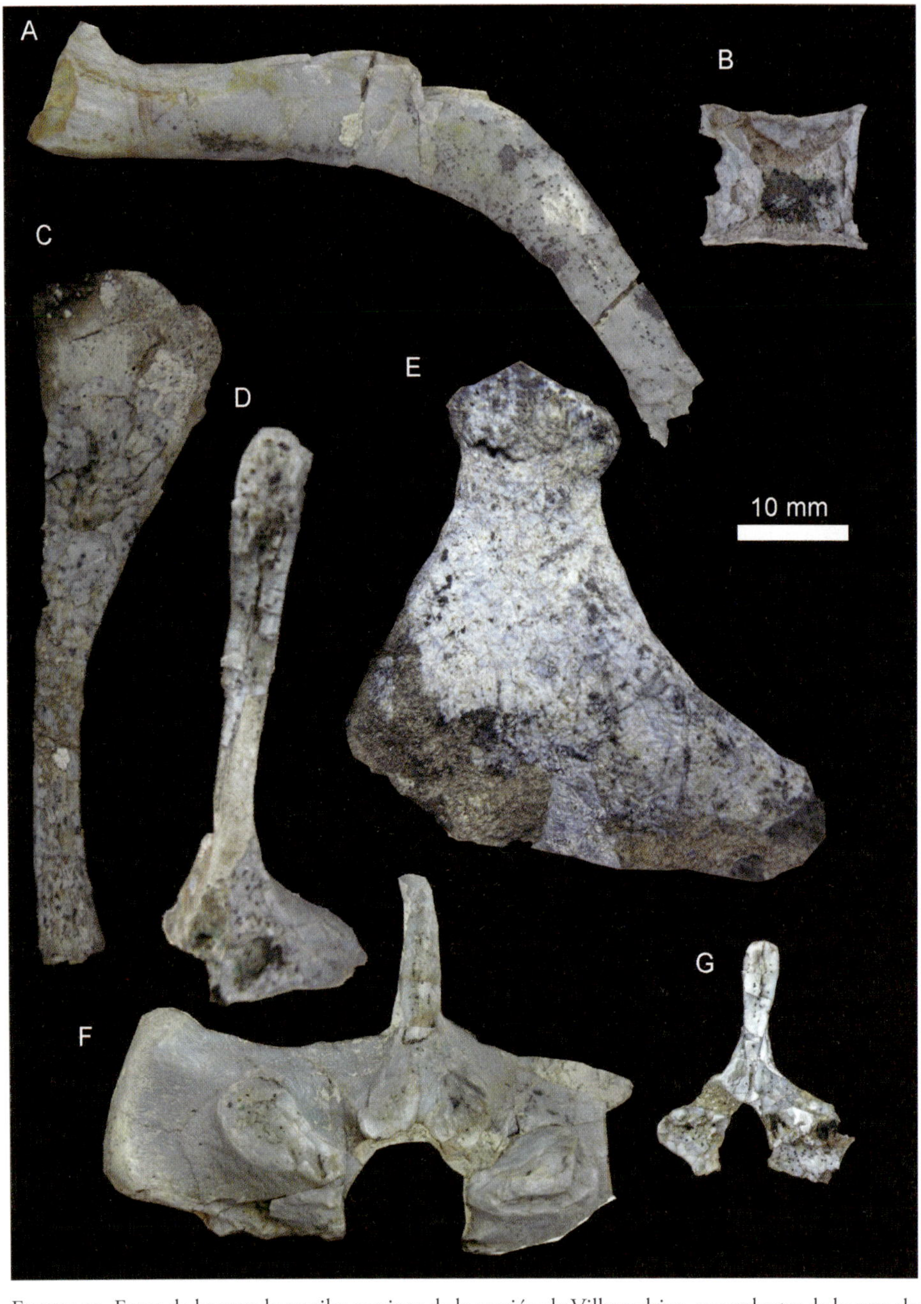

FIGURA 10. Fotos de huesos de reptiles marinos de la sección de Villarrodrigo, procedentes de la capa de inundación: (A) costilla torácica; (B) centro vertebral; (C) fragmento de fémur o húmero; (D) posible resto de escápula; (E) isquion; (F) vista anterior de un arco neural dorsal de un notosaurio; (G) arco neural de una pequeña vértebra. Barra de escala 1 cm.

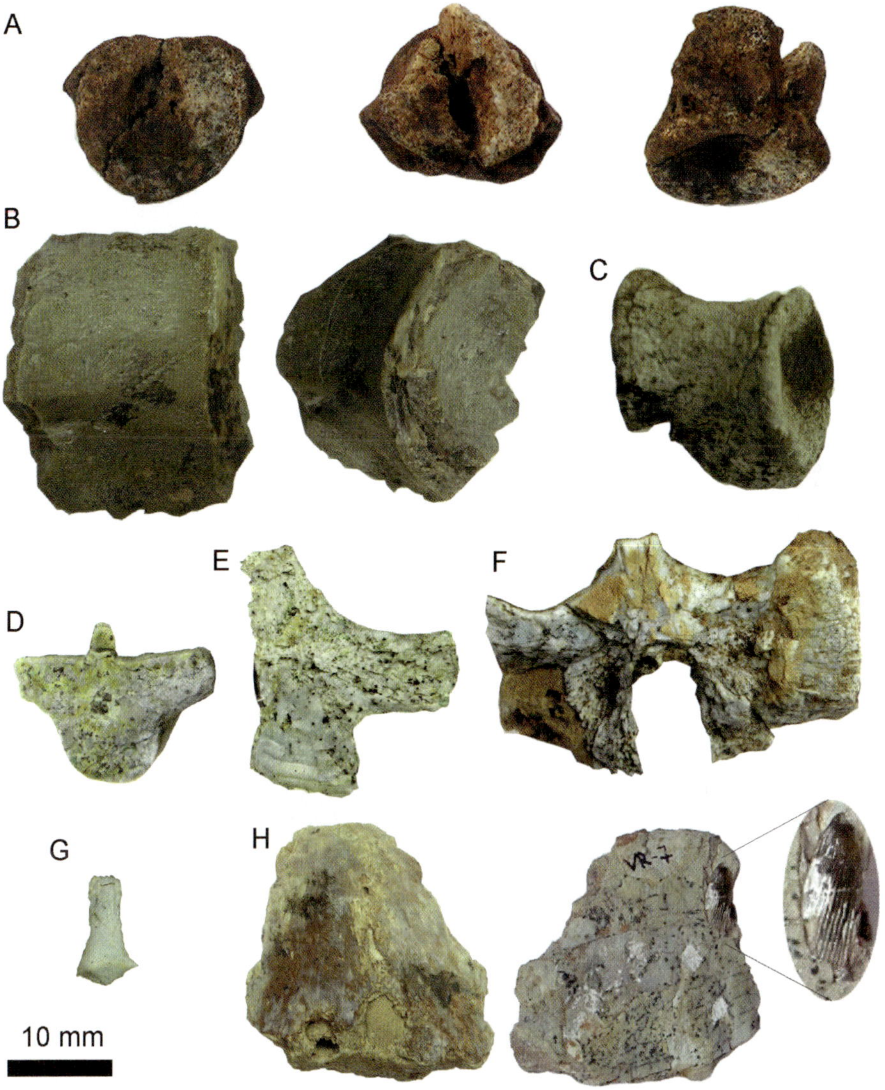

FIGURA 11. Restos fósiles aislados de huesos de reptiles marinos procedentes de la capa de inundación. (A) Diferentes vistas de centros vertebrales casi completos y mostrando las facetas de articulación ligeramente cóncavas, probablemente de un notosaurio del género *Simosaurus*. (B-D) Fragmentos de centros vertebrales. (E) y (F) Arcos neurales incompletos. (G) Espina dorsal. (H) Fragmento de mandíbula de un notosaurio o un paquipleurosaurio con un diente emergiendo desde el hueso (detalle de la imagen). Barra de escala 1 cm.

Las características de estos materiales (base erosiva, rápidas variaciones de espesor, estructuras *hummocky*) hacen pensar en un evento catastrófico que conllevó la inundación marina de áreas fluviales próximas a la costa. Esta inundación probablemente avanzó varios kilómetros tierra adentro y favoreció la exhumación del fondo marino y el transporte de numerosos restos de reptiles marinos. Estos restos, debido al tamaño y a la densidad diferencial respecto al resto de sedimentos transportados por las corrientes que inundaban las zonas limítrofes a la costa, se acumularon y concentraron en determinadas áreas selectivamente. Esta capa refleja posiblemente un evento de inundación relacionado con una gran tempestad o con un tsunami en su parte basal, mientras que la parte superior muestra la sedimentación en pequeñas charcas efímeras que resultaron de esa inundación y que colonizaron organismos oportunistas como los pequeños gasterópodos.

Posteriormente, la sedimentación continuó bajo condiciones subaéreas en un medio fluvial caracterizado por el depósito de arenas y limos rojos. En los materiales marinos que aparecen de la misma edad, más al sur (Siles, Cortijos Nuevos o Cehegín), correspondientes a las facies *Muschelkalk*, se han descrito estructuras sedimentarias propias de tormentas, pero éste es el único registro de inundaciones de alta energía tierra adentro. El registro de *Nothosaurus mirabile* y *Simosaurus* sp., indican una edad Ladiniense para este evento de inundación.

2.5.- NOTOSAURIOS Y SIMOSAURIOS

Los notosaurios pertenecen al Suborden Nothosauria (Orden Sauropterigia, Subclase Synaptosauria). Los notosaurios fueron reptiles marinos con un tamaño variable entre 40 cm y 5 m de longitud dependiendo de la especie, que vivieron durante el periodo Triásico. Por lo general, eran más pequeños que los plesiosáuridos (también del Orden Sauropterigia) de épocas más tardías, con los cuales tenían bastante parecido. Se han encontrado en afloramientos del centro de Europa, principalmente en Alemania, pero también en Italia y en España en la Cordillera Ibérica.

Los notosaurios eran reptiles con cuerpos alargados y cuellos de gran longitud. Sus cabezas eran pequeñas respecto a su cuerpo y presentaban mandíbulas largas con abundantes dientes afilados. El análisis de la dentición indica que estos reptiles se alimentaban fundamentalmente de peces, aunque probablemente también de pequeños anfibios y reptiles que podían capturar con sus largos cuellos flexibles. Como una adaptación a la vida en el medio acuático, tenían pies y manos membranosos y sus extremidades se asemejaban en cierto modo a aletas. Nadaban remando en el agua y, probablemente, podían salir a tierra tal y como hacen actualmente las focas. Seguramente, ponían huevos en la orilla al igual que hacen hoy día los galápagos. Dentro de los notosaurios se han encontrado tres géneros en la provincia de Jaén, *Nothosaurus*, *Simosaurus* y *Lariosaurus*.

FIGURA 12. Reconstrucción de un *Nothosaurus* (a) y un *Simosaurus* (b).

El notosaurio más abundante en España es la especie *Lariosaurus balsami*, también presente en los yacimientos del noreste de Jaén. Se trata de una especie de tamaño relativamente pequeño (inferior a 1 m).

Los simosaurios presentan numerosas similitudes con los *Nothosaurus*. El género *Simosaurus* corresponde también al Orden Sauropterygia y también vivieron durante el Triásico Medio, concretamente durante el Ladiniense. Sus restos se han encontrado también en depósitos de centro Europa, principalmente en Francia y Alemania en facies *Muschelkalk*. Algunos paleontólogos han interpretado *Simosaurus* como una forma primitiva de sauropterygio. *Simosaurus* alcanzó entre 3 y 4 m de longitud. Los simosaurios tenían un cráneo más corto y aplanado que los notosaurios y unas grandes aberturas detrás de los ojos llamadas fosas temporales. Los simosaurios además difieren de los notosaurios por tener unos dientes más redondeados, que probablemente usaban para partir conchas duras de organismos como bivalvos, braquiópodos o ammonoideos, e incluso peces holósteos.

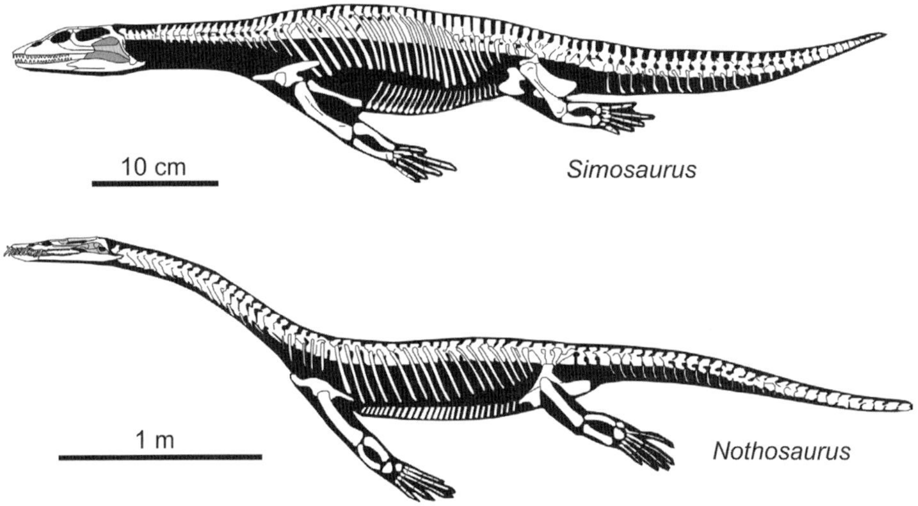

FIGURA 13. Reconstrucción de los esqueletos de *Simosaurus* y *Nothosaurus*. En la misma se evidencia la notoria diferencia de tamaños.

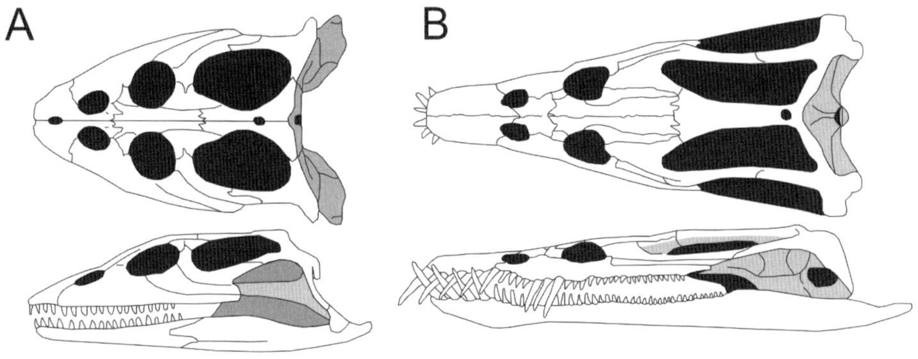

FIGURA 14. Detalle de la morfología del cráneo de *Simosaurus* y *Nothosaurus* (ver escala en la figura anterior).

Simosaurus tenía una morfología con un tronco aplanado dorsoventralmente que habría facilitado su desplazamiento por ondulación lateral, tal y como ocurría en muchos otros notosaurios, incluido el género *Nothosaurus*. Las características del húmero de estos reptiles sugieren que sus extremidades eran fuertes y proporcionaban

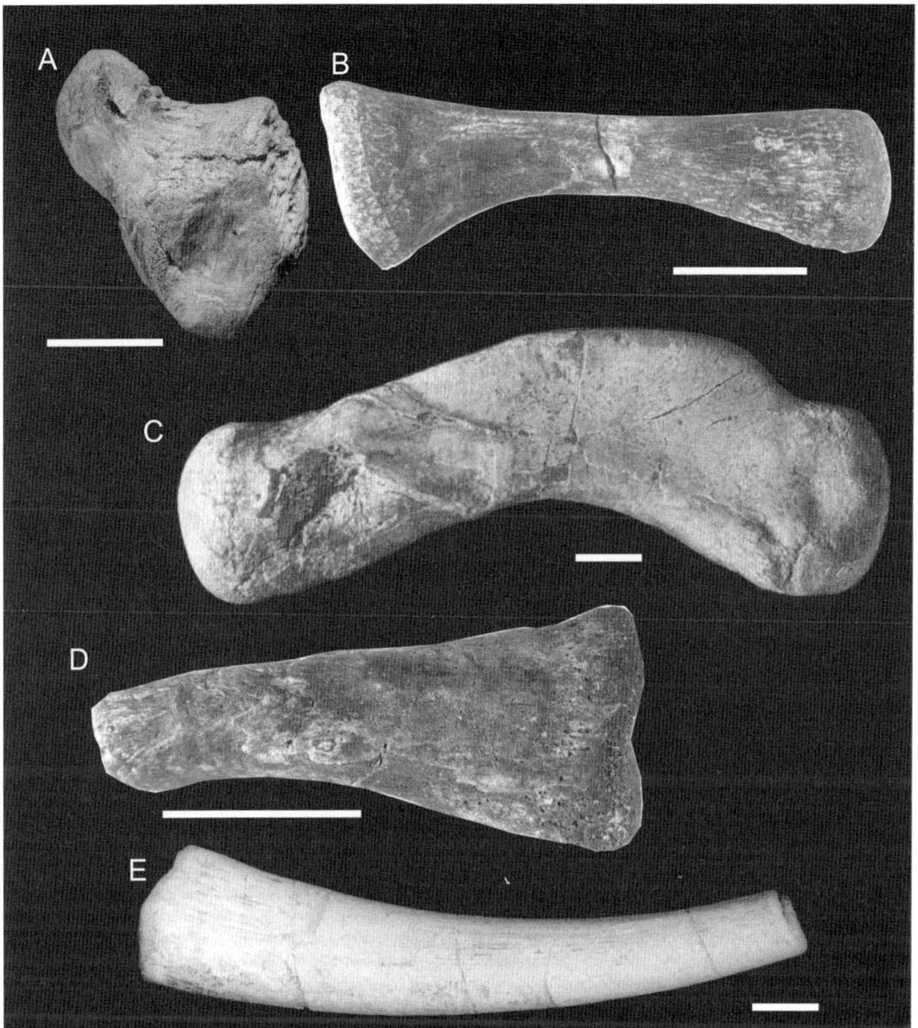

FIGURA 15. Huesos largos de *Nothosaurus* del Triásico pertenecientes a las facies *Muschekalk* de Siles encontrados por el Dr. Niemeyer: (A) ilion; (B) tibia; (C) húmero; (D) y (E) costillas. Barra de escala 1 cm.

la mayor parte del impulso de natación. No obstante, su escápula era relativamente pequeña para un reptil que nadaba con sus extremidades lo que indica que no era un nadador muy ágil, por lo que probablemente su modo de locomoción era una combinación entre el impulso proporcionado por la ondulación lateral como en los sauropterygios primitivos y el impulso proporcionado por las extremidades a modo de aletas como en el caso de los plesiosaurios.

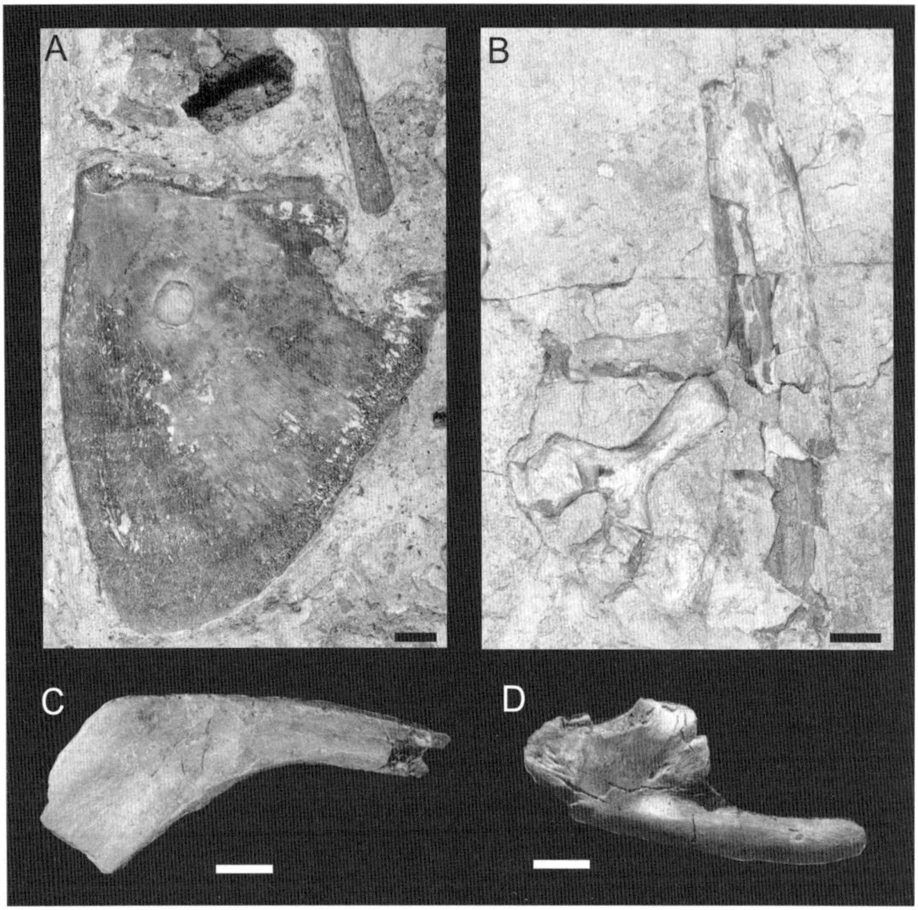

FIGURA 16. Huesos de *Nothosaurus* del Triásico pertenecientes a las facies *Muschelkalk* de Siles encontrados por el Dr. Niemeyer: (A) coracoides; (B) fragmento de costilla y vértebra; (C) clavícula; (D) escápula. Barra de escala 1 cm.

Simosaurus tenía unas mandíbulas largas y delgadas y unos músculos abductores relativamente pequeños, rasgos típicos de reptiles que dan fuertes mordiscos. Las largas mandíbulas de *Simosaurus* presentaban unos músculos que se insertaban en una amplia fosa temporal en la parte superior del cráneo y que descendía hasta el extremo posterior de la mandíbula inferior, lo que posibilitaba un cierre rápido de la boca a la hora de morder. Otros músculos más cortos se encontraban en la parte posterior del cráneo, insertados en la porción posterior de la fosa temporal y con una orientación vertical, que al encontrarse próximos a la unión entre las mandíbulas otorgaban una gran fuerza de trituración. Esta combinación de músculos que permitían un mordisco fuerte y rápido dirigido desde la parte posterior de la mandíbula es exclusiva de *Simosaurus*. Estos datos son congruentes con su más que probable alimentación a partir de organismos con conchas muy resistentes como las de los moluscos, y peces holósteos.

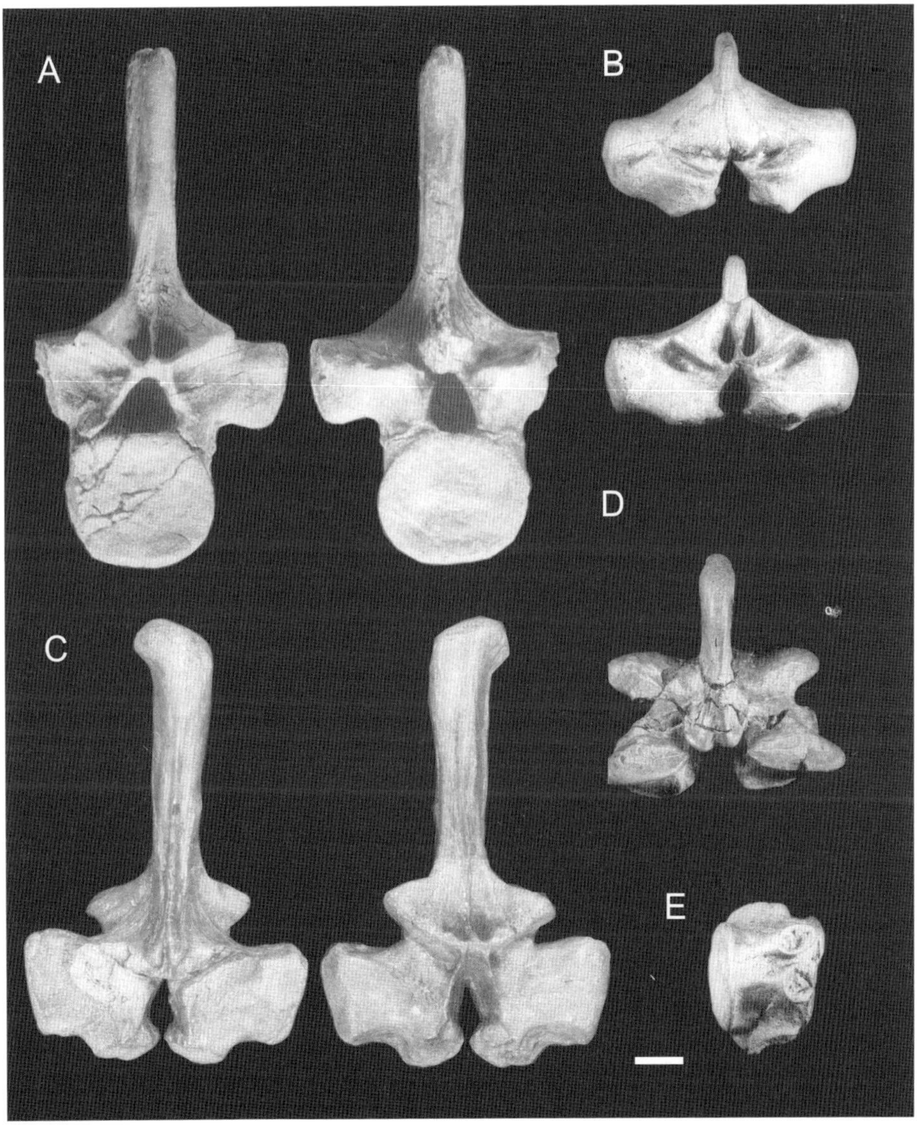

FIGURA 17. Vértebras de *Nothosaurus* procedentes del Triásico de facies *Muschelkalk* de Siles encontradas por el Dr. Niemeyer. Barra de escala 1 cm.

En la provincia de Jaén, los restos de notosaurios aparecen siempre dispersos y nunca forman un esqueleto completo. Gran parte de los restos hallados están relacionados con la capa que registra la inundación catastrófica que aconteció en el área oriental de la provincia en los confines con la provincia de Albacete. En menos concentración, aparecen también restos de notosaurios en las facies *Muschelkalk* en el Prebético entre Orcera y Siles (estudiados por Niemeyer, 2002). Los restos de notosaurios, en cualquier caso, corresponden mayoritariamente a vértebras completas o centros vertebrales aislados y costillas y, en menor proporción, a huesos largos de extremidades como húmeros, radios, ilion, fémures y tibias, huesos planos como clavículas, escápulas y coracoides. Del cráneo sólo se han encontrado un fragmento de mandíbula y algunos dientes aislados.

2.6.- PLACODONTOS: REPTILES MARINOS ACORAZADOS

El Orden Placodontia (subclase Synaptosauria) está representado en los yacimientos triásicos de Jaén por tres familias: Placodontidae, Placochelydae y Cyamodontidae. Los placodontos estaban especialmente adaptados a la vida en aguas marinas someras y se alimentaban de bivalvos del fondo del mar. Tenían una estructura muy resistente con un cuello y extremidades cortas, estas últimas transformadas en aletas. Su tamaño podía superar escasamente 1,5 m, aunque se conocen ejemplares de *Placodus gigas* que superan los 2 m. En algunos casos, como el género *Henodus*, poseían una armadura protectora dorsal y ventral similar al caparazón de las tortugas, formada por escamas óseas dérmicas (osteodermos) a modo de mosaico compuesto de elementos hexagonales. Presentaban unas grandes piezas dentales de morfología plana que, probablemente, les servían para triturar las conchas de moluscos, principalmente bivalvos, que eran los más abundantes. El nombre de placodontos hace referencia precisamente a estas curiosas piezas dentales en forma de placa abombada, situadas en el paladar y la mandíbula.

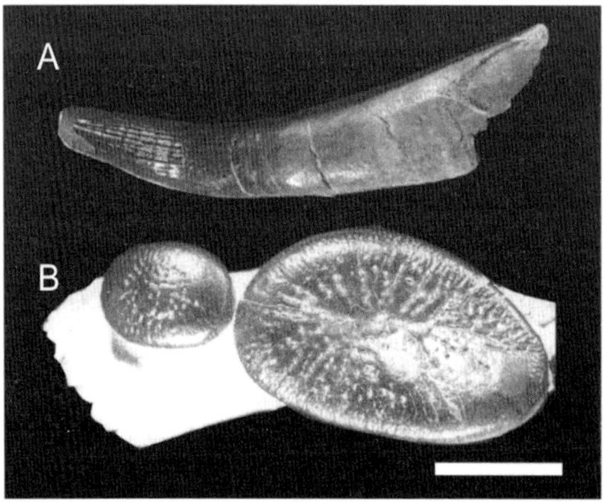

FIGURA 18. Dientes de sauropterigios procedentes de la facies *Muschelkalk* de Siles encontrados por el Dr. Niemeyer. (A) Diente de *Nothosaurus*. (B) Fragmento de mandíbula con dos dientes en forma de placa de un *Psephosaurus* (placodonto). Barra de escala 1 cm.

FIGURA 19. Reconstrucción del placodonto del género *Henodus* y comparación con el tamaño de una persona. Sus extremidades, semejantes a aletas, y su pesada coraza dorsal, recuerdan a la tortuga marina.

Henodus (del griego "diente plano") es un género representado por una única especie de saurópsido placodonte, que vivió en el período Triásico. Su distribución geográfica está asociada a las facies *Muschelkalk*, habiéndose encontrado muy buenos ejemplares en el sur de Alemania. En la provincia de Jaén, se han encontrado restos ligados a las facies *Muschelkalk* en el Prebético Externo, pero también a la capa de inundación de la Cobertera Tabular. *Henodus* medía alrededor de 1 m de anchura y tenía el aspecto de una tortuga con el caparazón aplastado. Este caparazón era un escudo óseo que servía de protección, y sólo la cabeza, las patas y la cola sobresalían de él. De esta manera minimizaba el efecto de depredación mientras se alimentaba de conchas en los ambientes marinos próximos a la costa. Las mandíbulas del animal eran anchas y muy fuertes, gracias a la acción de poderosos músculos. Los huesos del paladar y las mandíbulas inferiores conferían una gran fuerza a la mordedura. Las patas eran cortas y sus dedos estaban unidos por una delicada membrana epitelial, a semejanza de los patos. Probablemente, usaban las patas a modo de aletas para mejorar el rendimiento de la natación. La cola era corta y plana y, previsiblemente, se movía a los lados mientras nadaba. La cabeza era pequeña, al igual que las cuencas oculares. Se cree que no tenía la facultad de retraer la cabeza bajo la concha como las tortugas actuales. Aunque el aspecto recuerda a las tortugas, su modo de vida difería. *Henodus* nadaba hasta alcanzar el fondo marino cerca de la costa. Allí se encontraban sus presas preferidas, como almejas, lapas u ostras. Una vez localizados, el animal los arrancaba con su pico córneo sin dientes y trituraba las duras valvas con sus robustas placas dentales.

FIGURA 20. Elementos característicos de los placodontos procedentes de la capa de inundación encontrados por Alafont en la sección de Villarrodrigo. (A), (B) y (C) dientes de placodonto. (D), (E) y (F) placas articuladas del esqueleto dérmico de *Henodus*.

El Dr. Niemeyer (2002) en sus estudios de los materiales triásicos del *Muschelkalk* de la localidad de Siles, encontró restos pertenecientes a la Familia Cyamodontidae correspondientes a *Psephosaurus*. Este género tenía un cráneo corto y ancho, y un caparazón muy comprimido dorso-ventralmente, pero con una morfología diferente a la de otros placodontos como *Henodus* o *Placochelys*.

Resulta enigmático el porqué estos organismos portaban estas pesadas y amplias armaduras, teniendo en cuenta que los predadores marinos conocidos para este periodo como reptiles marinos (notosaurios, ictiosaurios o pachypleurosaurios), tiburones y otros grandes peces predadores como *Saurichthys*, parecen más que incapaces de atacar una presa de tal tamaño.

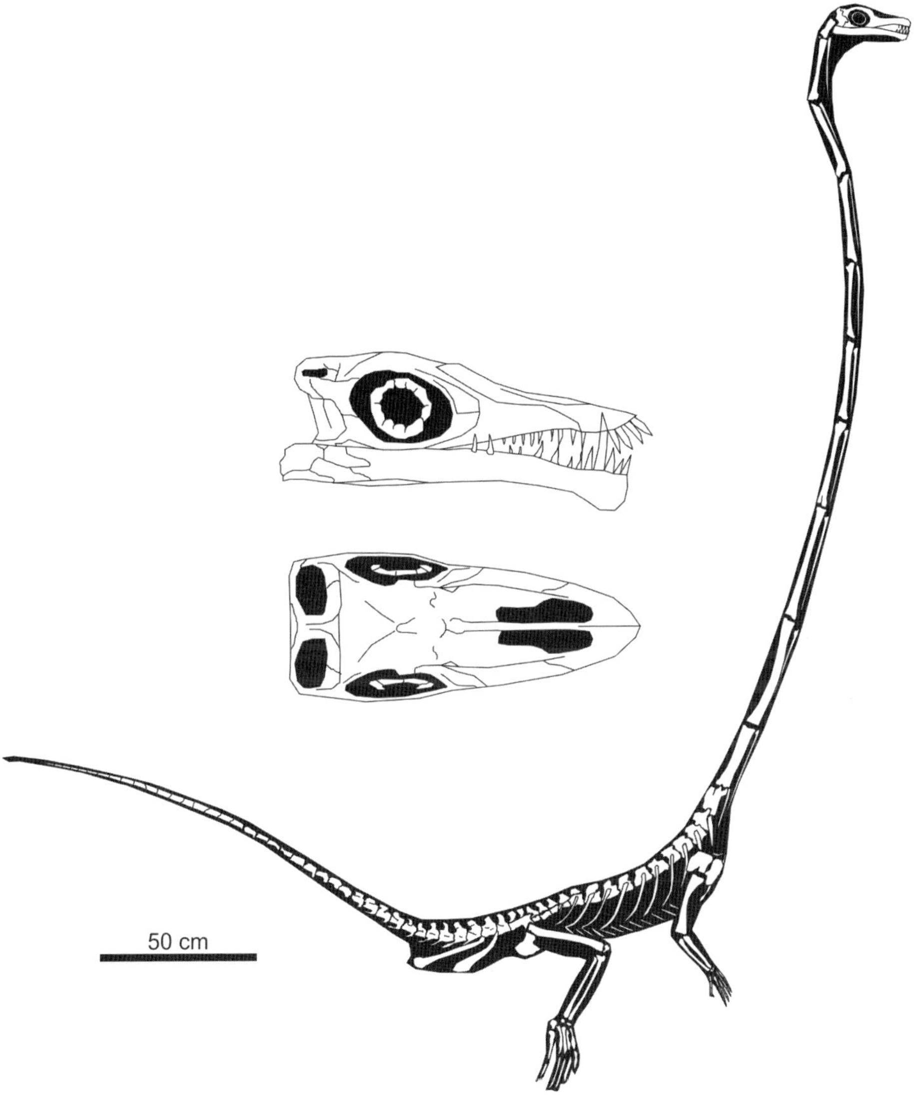

Figura 21. Esqueleto y detalle del cráneo de *Tanystropheus*.

2.7.- *TANYSTROPHEUS*

Tanystropheus ("vértebra larga") es un género extinto de saurópsidos prolacertiformes del Orden Protosauria que vivió a mediados del período Triásico. Sus restos fósiles han sido encontrados en Europa (principalmente en el sur de Alemania y Suiza) y en Oriente Medio. *Tanystropheus* se caracteriza principalmente porque tenía un cuello anómalamente largo, que podía alcanzar los tres metros, que estaba formado por vértebras alargadas. Lo peculiar de este organismo es que el incremento de longitud no se produce por medio de un aumento del número de vértebras cervicales sino por la elongación de estas vértebras. Algunos investigadores han propuesto que este cuello extraordinariamente largo le servía para pescar sin la necesidad de entrar en el agua.

 Figura 22. Reconstrucción del modo de vida de *Tanystropheus*.

Tanystropheus tenía la complexión de un lagarto, con las patas extendidas hacia los lados. Sin embargo, su cuello se sale fuera de lo habitual, por ser más largo que el cuerpo y la cola juntos, concretamente era dos veces la longitud de su tronco. Su morfología es tan extraña que desconcierta a los paleontólogos. Utilizando el símil de la jirafa, que también posee un cuello muy largo con pocas vértebras, se cree que *Tanystropheus* se movía torpemente al no poder girar la cabeza con celeridad. Los *Tanystropheus* podían alcanzar una longitud total de hasta 6 metros. ¿Cómo es posible que *Tanystropheus* pudiera portar un cuello tan largo (respecto a la longitud de su cuerpo) bajo condiciones normales de gravedad? ¿Podía desplazarse por tierra firme con dicho cuello pese al inevitable balanceo de la marcha? No está claro aún si este animal, con extremidades similares a las de los reptiles terrestres, vivía habitualmente fuera del agua. La morfología de la cabeza y su dentición fina permiten interpretar que se alimentaba de peces. En ejemplares fósiles hallados en la localidad de Monte San Giorgio (sur de Suiza), se ha observado una dentición claramente diferenciada

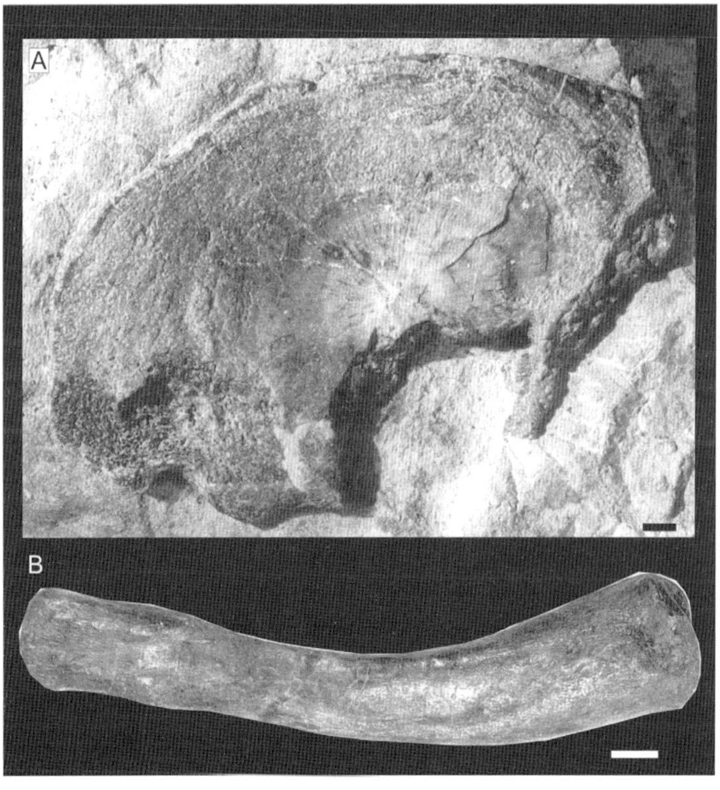

FIGURA 23. Huesos de *Tanystropheus* encontrados en las facies *Muschelkalk* cerca de Siles. (A) Coracoides. (B) Radio. Barra de escala 1 cm.

entre los individuos adultos y las crías, que permite interpretar una dieta basada en insectos para los individuos juveniles y peces y cefalópodos para los individuos adultos. De este modo, si bien las crías se quedaban en tierra firme, los adultos seguramente se aventurasen con cierta regularidad a pescar en el agua. Sin embargo, muchas veces esto no debía ser necesario, pues su cuello les permitía atrapar peces desde la orilla, sumergiendo la cabeza en el agua e incluso teniendo las cuatro patas en la orilla.

Se han encontrado dos restos óseos fosilizados pertenecientes a *Tanystropheus* hasta la fecha en la provincia de Jaén, que corresponden a un radio y un coracoide. Ambos restos fueron hallados por el Dr. Niemeyer en facies *Muschelkalk* en las proximidades de Siles. El radio tiene una longitud de 15 cm y se encuentra prácticamente completo. El coracoide, con una morfología elíptica, presenta 7,5 cm de largo y 4,7 cm de ancho y se encuentra relativamente incompleto.

2.8.- *HYBODUS* Y *ACRODUS*: LOS TIBURONES DEL TRIÁSICO

FIGURA 24. Reconstrucciones de *Hybodus* y *Colobodus*

En el Triásico de facies *Muschelkalk* del área comprendida entre Cortijos Nuevos y Siles se han encontrado numerosos dientes fósiles de peces, fundamentalmente de tiburones pertenecientes a los géneros *Hybodus* y *Acrodus*. *Hybodus* (del griego "diente joroba") es un género extinto de tiburón de la Familia Hybodontidae, que apareció hacia el final del Pérmico y desapareció al principio del Cretácico Superior. Durante los períodos Triásico, Jurásico y Cretácico, los miembros de este género fueron especialmente exitosos y pueden hallarse en las áreas de antiguos mares poco profundos alrededor del mundo.

Hybodus medía cerca de 2 m de longitud, y se cree que era un depredador oportunista. No era muy grande, pero tenía la clásica forma de un tiburón. Su morfología se conoce perfectamente gracias a los extraordinarios yacimientos del Jurásico Inferior de Holzmaden, en el sur de Alemania, donde aparecen preservadas impresiones de las partes blandas. Poseía dos aletas dorsales que le ayudaban a dirigirse a su presa con precisión. Tenían varias características distintivas que los diferencian de otros tiburones primitivos. En primer lugar, contaban con dos tipos diferentes de dientes, lo que sugiere una dieta variada. Los dientes más afilados se utilizarían para atrapar a presas resbaladizas, mientras que los dientes más planos probablemente les ayudaban a aplastar a los animales con caparazón. En segundo lugar, tenían una lámina ósea en su aleta dorsal que, probablemente, tenía una función defensiva. Los machos poseen pterigopodios, órganos especializados que insertan directamente el esperma en la hembra durante el apareamiento y que todavía están presentes en los tiburones modernos. Varias especies de *Hybodus*, como *H. butleri*, *H. rajkovichi* e *H. montanensis*, han sido reasignadas al género *Meristodonoides*. Los restos encontrados en las facies *Muschelkalk* corresponden a dientes y fragmentos de dientes con una longitud de alrededor de 6 mm y una anchura de aproximadamente 1,5 mm.

Acrodus fue un tiburón que vivió desde el Triásico al Cretácico, con un cuerpo que podía alcanzar 2,7 m de longitud. Sus dientes estaban adaptados para la trituración de conchas de moluscos y caparazones de crustáceos, siendo anchos, robustos, con poca altura, y con la corona constituida por crestas gruesas dispuestas radialmente. De acuerdo con los restos fósiles hayados en diferentes yacimientos triásicos en numerosos lugares del mundo, la morfología de *Acrodus* permite inferir que este tiburón debió de tener una natación lenta, lo que junto a su dentición hace pensar que vivía cerca del fondo marino. Su registro en la provincia de Jaén está constituido por numerosos dientes que presentan una longitud de 6 mm de largo por 1 mm de ancho.

2.9.- *SAURICHTHYS* Y OTROS PECES

En el Triásico de facies *Muschelkalk* que aflora cerca de Siles se han encontrado restos de otros peces a parte de *Hybodus*, pertenecientes a osteictios. Se trata mayoritariamente de dientes aislados de actinopterigios y crossopterigios.

Dentro de los actinopterigios, el más destacado es *Saurichthys*, que etimológicamente significa "pez lagarto". Es un pez extinto con apariencia de pez espada que se ha encontrado prácticamente con una distribución mundial. *Saurichthys* era un pez alargado y muy hidrodinámico con un tamaño máximo de alrededor de 1,5 m de longitud. Su cuerpo estaba perfectamente adaptado a una locomoción rápida, con una cola simétrica y con sus aletas anales y dorsales en posiciones opuestas entre sí para maximizar el empuje del cuerpo. Sus mandíbulas eran extremadamente largas constituyendo la tercera parte del cuerpo y acababan en una especie de pico afilado. Se cree que este pez debió de ser un predador rápido que realizaba emboscadas a sus presas preferiblemente en aguas poco profundas.

Figura 25. Reconstrucción de *Saurichthys*.

Otro actinopterigio identificado por el Dr. Niemeyer en estos materiales es *Gyrolepis*, del que se han encontrado dientes y escamas.

Uno de los mejores registros corresponde a *Colobodus*, un pez óseo que pudo alcanzar el metro de longitud, que presentaba un cuerpo compacto completamente cubierto por pesadas escamas. Sus dientes eran gruesos, de corona baja y redondeados. Sus aletas eran pequeñas por lo que se supone que no era un nadador rápido. Se cree que *Colobodus* pertenece al grupo de los perleidiformes, concretamente, a la Familia Colobodontidae. Su registro se extiende por todo el Tethys hasta China

(Tethys oriental). Al igual que muchos otros vertebrados del Triásico, su dentición está adaptada para la fragmentación de las conchas de los moluscos y el exoesqueleto de los crustáceos. En los yacimientos del *Muschelkalk* de Jaén su registro está representado por dientes, escamas y un fragmento de mandíbula con al menos 13 dientes.

Además, se han encontrado dientes de crossopterigios indeterminados.

2.10.- *BRACHYCHIROTERIUM*

En las extensas zonas costeras próximas al mar del Tethys existían áreas áridas y áreas encharcadas en las que se depositaron arenas y arcillas transportadas por ríos. En muchas de estas zonas se depositaron yesos y sales como resultado de intensos episodios de evaporación. Sobre estas áreas emergidas transitaban los reptiles que ya dominaban la tierra firme antes de que aparecieran los dinosaurios. Concretamente, en unas rocas del Triásico del Subbético que afloran cerca de Cambil, el Profesor Alberto Pérez López, de la Universidad de Granada, encontró a inicios de la década de los 90 unas huellas en la parte inferior de una capa de areniscas, pertenecientes a un gran reptil. El fango arcilloso depositado por los ríos de la extensa llanura costera, donde debió de pisar el reptil, fue cubierto por depósitos de arena que traían los ríos. En el transcurso de millones de años, las arenas se endurecieron y esto ha permitido que se conserven las huellas del reptil. Realmente, las huellas corresponden a contramoldes de arenisca, es decir, lo que se conserva en la actualidad es el material arenoso que rellenó la huella que dejó el reptil al pisar en el fango. Por eso, lo que se observa son unas huellas en relieve, que sobresalen de la capa de arenisca.

El yacimiento está compuesto por seis huellas o icnitas orientadas en la misma dirección, por lo que constituyen lo que se denomina un rastro. Las huellas de los miembros anteriores (manos) son mucho más pequeñas (18,5 cm) que las de los miembros posteriores (pies), cuya longitud es 32 cm. Las huellas presentan cinco gruesos dedos, y el dedo V (dedo externo) se encuetra en una posición algo retrasada respecto a los otros cuatro dedos. Además, en una de las huellas aparecen las impresiones de las escamas de la planta del pie del reptil y en las prolongaciones de algunos de los dedos se pueden observar unas uñas que llegan a medir 2,5 cm.

Fue nuevamente en el Triásico de Alemania donde aparecieron, por primera vez, unas huellas de este tipo que se atribuyeron a un animal desconocido al que llamaron *Chirotherium*, que viene a significar "animal con manos". Las huellas de Cambil son las más grandes del tipo *Chirotherium*, pues, mientras que las encontradas en Alemania no alcanzan los 25 cm, las de Cambil llegan a medir 32 cm. Su estudio ha determinado la icnoespecie *Brachychirotherium gallicum*, que corresponde a las pisadas de un reptil del Triásico del grupo de los arcosaurios.

Un estudio detallado del rastro completo de este yacimiento, realizado por el Profesor Alberto Pérez López, ha permitido deducir aspectos relativos a la locomoción y comportamiento del autor de las huellas. Todas las huellas que constituyen el rastro están orientadas en una determinada dirección y describen la trayectoria de un vertebrado andando. El doble paso o zancada es de 162 cm y el paso oblicuo es de 84

Figura 26. Huellas de reptil (icnogénero *Brachychiroterium gallicum*) del Triásico de Cambil (fotos del Profesor Dr. Alberto Pérez López, Universidad de Granada). (A) Aspecto de afloramiento donde se observa el rastro completo del arcosaurio. Actualmente, estas huellas se encuentran expuestas en el Parque de las Ciencias de Granada. (B) Huella que muestra en las prolongaciones de algunos dedos las impresiones de uñas de hasta 2,5 cm de longitud. (C) Diferencia de tamaño y morfología entre las huellas de las extremidades delanteras y traseras. (D) Detalle del contramolde de la huella del pie izquierdo del arcosaurio.

cm. La anchura total del rastro es de 38 cm. Además, se puede observar que el rastro es bastante estrecho y que el ángulo entre el pie y el eje del rastro es muy pequeño, inferior a 15º, indicativo de una locomoción relativamente ágil. De hecho, este reptil no dejó rastro de su cola en el sedimento, por lo que se confirma que debía ser un organismo que no arrastraba la cola y que poseía unas extremidades relativamente altas.

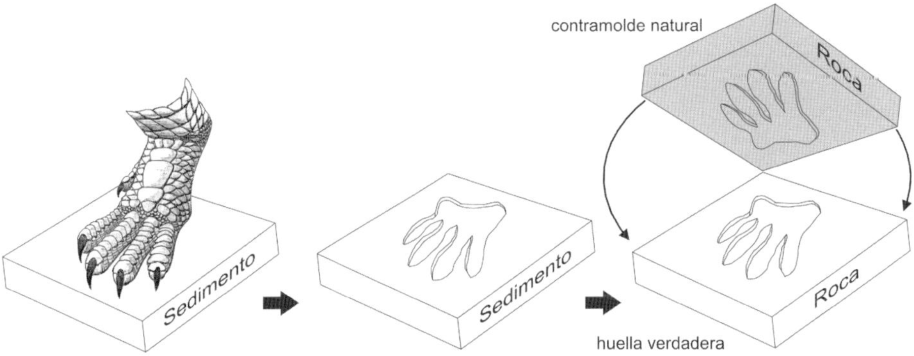

Figura 27. Formación de las huellas de Cambil. En el esquema se ilustra como ejemplo la mano del arcosaurio Rausuchio.

Otro dato que se puede obtener a partir del rastro es la velocidad de marcha aproximada del reptil. Para estimar la velocidad existen varios métodos. El método más ampliamente utilizado, aplicado a los rastros dejados por los dinosaurios, viene dado por una ecuación en la que intervienen la aceleración de la gravedad, la longitud de la zancada y la altura de la extremidad. El valor de la zancada se mide directamente en el rastro dejado por el reptil y la altura de la extremidad se calcula a partir de la longitud de la huella del pie. De todos los parámetros, éste es el más interpretativo. No obstante, a partir de las proporciones observadas en otros vertebrados entre la longitud del pie y de la extremidad, se sabe que guardan una proporción entre 1/3 y 1/4. Teniendo en cuenta estas proporciones, se ha estimado una longitud de 1,05 m para la extremidad del reptil autor de las huellas de Cambil y una velocidad de marcha aproximada de 5,9 km/hora.

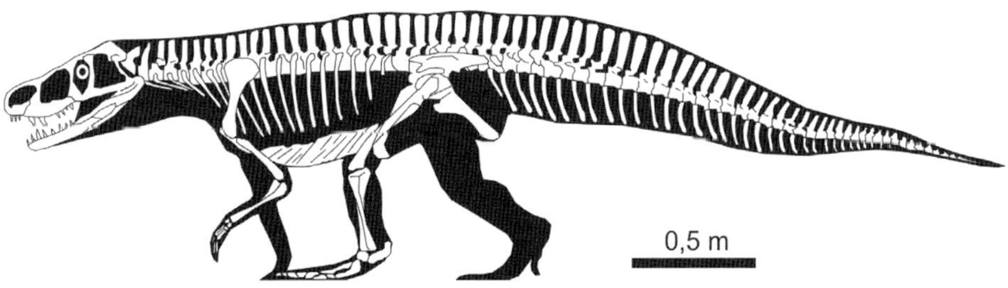

Figura 28. Esqueleto de Rausuchio basado en el esqueleto de *Batrachotomus*.

Al igual que sucede en muchos yacimientos del resto de Europa, se trata de un único rastro aislado, de un sólo animal, no gregario. Su comportamiento en solitario y sus poderosas garras hacen pensar que fuese un reptil depredador.

En función de criterios anatómicos (morfología y longitud de las huellas, longitud del doble paso o zancada, ángulo entre el eje del pie y la línea media del rastro) y teniendo en cuenta la estructura teórica del esqueleto, se ha interpretado que el autor

Figura 29. Reconstrucción de un arcosaurio Rausuchio tipo *Batrachotomus* o *Ticinosuchus*. Comparación con el tamaño de una persona.

de las huellas fue muy posiblemente un reptil Arcosaurio perteneciente al grupo de los Rauisuchia. Este reptil vivió junto a los ancestros de los dinosaurios durante el periodo Triásico, hace unos 225 millones de años.

Otros restos de pisadas de reptiles parecidas al icnogénero *Brachychiroterium* se han encontrado en el noreste de la provincia, en el Arroyo del Ojanco y en Puente de Génave. Consisten en hiporrelieves convexos pentadáctilos, que en términos generales corresponden al icnogénero *Chiroterium*. Estas huellas se han encontrado dispersas e incompletas, en ocasiones en los campos de cultivo y por lo tanto, no permiten hacer tantas interpretaciones como en el caso de las huellas de Cambil. Son, en todos los casos, más pequeñas que las huellas encontradas en Cambil.

Mientras que las huellas de *Chiroterium* han sido comúnmente asignadas a *Ticinosuchus*, la morfología de las huellas y el tamaño mayor que presentan las huellas halladas en Cambil son congruentes con un reptil arcosaurio del grupo Rauisuchia de mayor tamaño tipo *Batrachotomus*.

Batrachotomus, término que procede del griego y que significa "cortador de ranas", era un terrible arcosaurio carnívoro que podía alcanzar los 5,5 m de largo. Se han encontrado restos óseos fosilizados en el sur de Alemania. Vivió durante el Ladiniense (Triásico), hace aproximadamente 230-220 millones de años. Los pies de este arcosaurio eran bastante grandes (36 cm) mientras que las manos eran bastante más pequeñas (13 cm). Esto unido a que su torso era relativamente corto y el área sacral bastante amplia, permite inferir que este reptil en ocasiones podía moverse de forma bípeda. A partir de los restos esqueletales que se exponen en el *Staatliches Museum für Naturkunde* de Stuttgart, se deduce que estos reptiles eran grandes depredadores situados en lo más alto de la cadena trófica. Su cráneo es de gran tamaño, con una gran mandíbula armada de poderosos dientes. Este reptil arcosaurio o alguno de características muy similares en cuanto a tamaño y morfología fue el autor de las icnitas halladas en Cambil.

En cambio, el posible autor de las huellas del icnogenero *Chiroterium*, el *Ticinosuchus*, era más pequeño que el *Batrachotomus* con cerca de 3 m de longitud. También vivió en los dominios de las facies del Triásico germánico, durante el Anisiense y Ladiniense. Su cuerpo estaba recubierto de gruesos escudos óseos (osteodermos). Al igual que en el caso de otros arcosaurios como *Batrachotomus*, la estructura de las caderas muestra que sus patas estaban situadas bajo su cuerpo de manera casi vertical. Se cree que *Ticinosuchus* debió de ser un rápido corredor como indica la posición de sus extremidades, el desarrollo de un calcáneo y una articulación del tobillo especializada para la carrera.

Sin embargo, se hace necesario insistir en que no se sabe qué organismos fueron los autores de las huellas de los icnogéneros *Brachichiroterium* y *Chiroterium*, más allá de que fueron arcosaurios rauisuquios.

En España también se han encontrado huellas del tipo *Chiroterium* en las provincias de Guadalajara y Barcelona, de los icnogéneros *Isochiroterium* y *Synaptichnium*, que se diferencian de *Chiroterium* y *Brachychiroterium* en las relaciones de longitud de algunos de los dedos, pero que también pertenecieron a Arcosaurios.

Sanz y colaboradores (1990) y Fortuny y colaboradores (2011) realizan una estupenda revisión de la distribución de las icnitas de arcosaurios.

2.11.- EL ENIGMA DE LAS HUELLAS DE SANTISTEBAN DEL PUERTO

Las huellas de reptil de Santisteban del Puerto se encuentran en las capas rojas del Triásico de la Cobertera Tabular, junto a la carretera A-312, a 800 m al oeste de la localidad de Santisteban del Puerto. El yacimiento está compuesto por 26 huellas de pisada de vertebrados. La extraña morfología de estas huellas, que a continuación se describirá detalladamente, ha dado lugar a numerosas y extrañas interpretaciones, ya que se salen de cualquier patrón habitual y por ese motivo, tanto el autor de las mismas como su comportamiento a la hora de producirlas, resultan bastante enigmáticos. La interpretación de las huellas es compleja ya que hasta ahora no se han encontrado en todo el mundo huellas con una morfología equivalente. No en vano, el animal autor de este tipo de huellas es aún desconocido. La forma en que se desplazaban los organismos que dieron lugar a estas huellas fósiles o icnitas resulta difícil de interpretar. Las primeras explicaciones han incluido desde interpretar que el autor de las mismas era un dinosaurio bípedo con una deformación en los dedos del pie, hasta interpretar un comportamiento próximo al de los canguros con una extraña morfología en los pies y un desplazamiento a saltos.

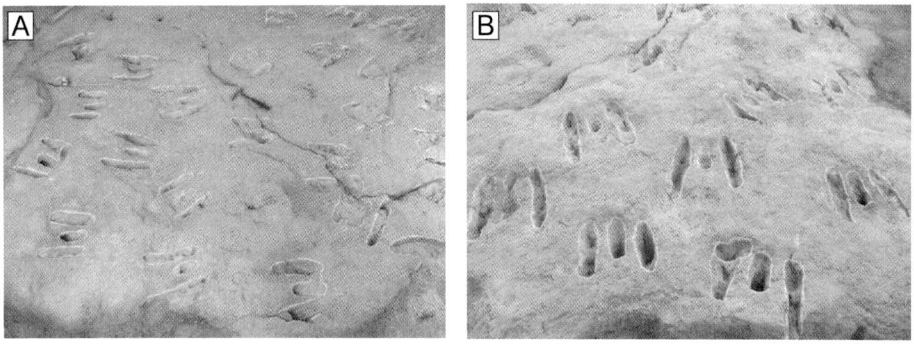

FIGURA 30. Huellas fósiles del Triásico de Santisteban del Puerto.

Las huellas se sitúan en la parte superior de una capa horizontal de areniscas, de unos 30 cm de espesor, en la que también se observa laminación cruzada subhorizontal así como madrigueras verticales y subverticales producidas por invertebrados que vivían en medio acuático. El yacimiento está compuesto por un total de 26 huellas repartidas en un área de aproximadamente 18 m^2, cada una compuesta por tres depresiones elongadas subparalelas: dos marcas laterales largas y otra más corta en el centro. La marca central aparece en una posición retrasada respecto a las dos marcas más largas laterales y se introduce en el sedimento con cierta inclinación hacia atrás. La longitud de las huellas varía entre 28 y 48 cm, y la anchura varía entre 23 y 44 cm. La longitud de las marcas laterales oscila entre 21 y 42 cm mientras que la longitud de la marca central varía entre 8 y 27 cm. Las impresiones se estrechan desde su área proximal a la distal. Algunas huellas, las menos frecuentes, están formadas solamente por la marca central. Además, casi todas las huellas están orientadas en la misma dirección.

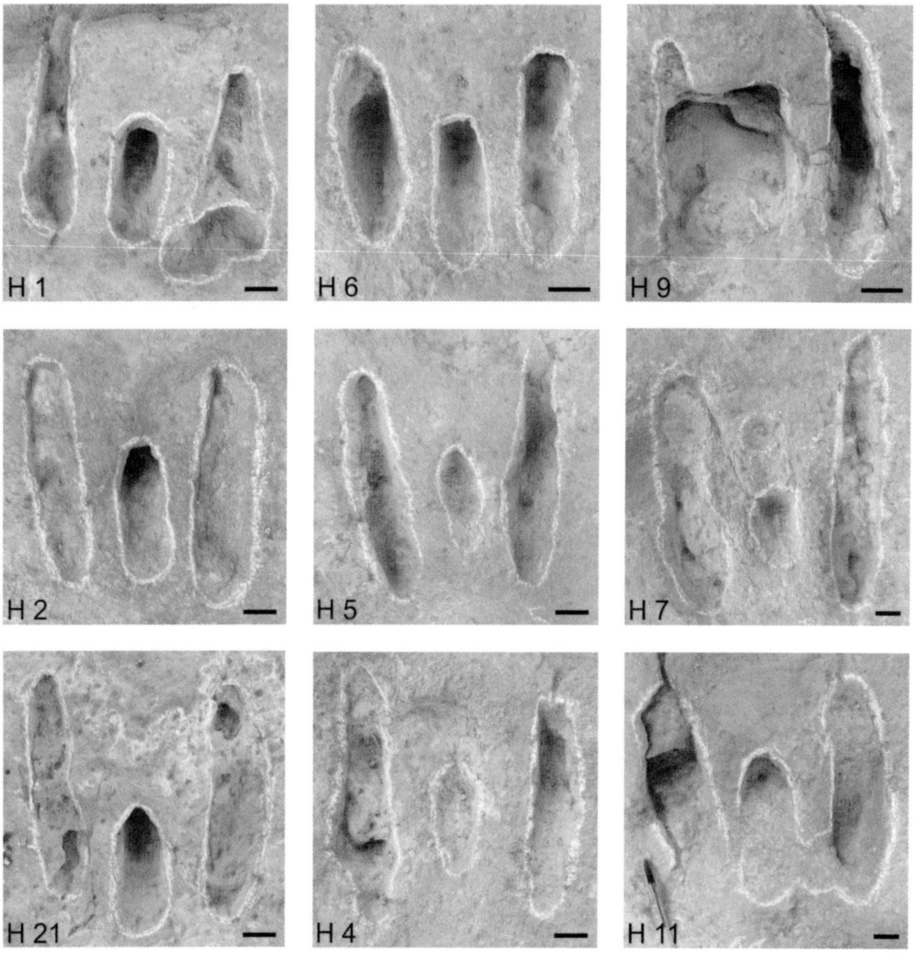

Figura 31. Detalle de algunas de las huellas fósiles de Santisteban del Puerto. En algunas de ellas (H1, H2 y H21) se observa cómo la marca central es más profunda y con un marcado ángulo de penetración dentro del sedimento. Barra de escala 5 cm.

El nivel de arenas en el que aparecen las huellas fósiles presenta además trazas verticales de sección cilíndrica con un diámetro que varía entre 8 y 10 mm. Estas trazas se encuentran en el techo de la capa, incluso sobreimpuestas a las huellas fósiles. Además, aparecen algunas galerías horizontales simples correspondientes al icnogénero *Planolites*. Las capas que aparecen a continuación de la arenisca con pisadas fósiles muestran frecuentes trazas horizontales con forma de U denominadas *Rhizocorallium* y con una longitud normalmente inferior a 16 cm, a las que acompañan otras trazas con ramificaciones en forma de T denominadas *Thalassinoides* con un diámetro inferior a 1 cm. Precisamente sobre el nivel con las pisadas fósiles aparecen numerosos fósiles de bivalvos entre los que destaca *Pleuromya elongata*, *Trigonodus* sp. y *Unionites muensteri*. Estos bivalvos presentan las dos valvas unidas lo que permite interpretar que es una asociación autóctona de ambiente submareal. Sin embargo, algunos especímenes de *Unionites* presentan algunas características propias de ambientes salobres e incluso agua dulce.

Con todos estos datos, se puede interpretar que las huellas fósiles tridáctilas fueron generadas por reptiles bípedos. Entre los posibles autores se encuentran los dinosaurios carnívoros del grupo de los terópodos. Sin embargo, los pies tridáctilos evolucionaron independientemente a partir de otros linajes de arcosaurios, además de los dinosaurios. Este es el caso de Dinosauromorpha y de la familia Poposauridae (Arcosuchia, Suchia). *Poposaurus gracilis* desarrolló un pie tridáctilo con morfología de terópodo. El análisis de la pelvis y el fémur de *Poposaurus gracilis* indica que este arcosaurio fue bípedo permanente y no sólo durante la carrera.

Estas huellas fueron producidas por tres dedos claramente diferenciados (dedos II, III y IV) que finalizaban en una afilada garra. Sin embargo, otros rasgos típicos de las huellas de terópodos y de los otros bípedos tridáctilos mencionados anteriormente, no pueden reconocerse. El dedo III, el central, que en los terópodos es el más largo, es el que da una marca anómalamente más corta y algo retrasada en superficie. Esto es lo que ha hecho que estas huellas hayan sido durante mucho tiempo un enigma. Además, las marcas digitales son paralelas y no muestran ninguna relación angular típica entre los dedos. El rango de tamaños de las huellas indica que fueron producidas por varios individuos avanzando juntos o bien pasando en diferentes momentos. En cualquier caso, no se observan rastros que permitan inferir longitud de la zancada, tamaño del individuo o velocidad del mismo. La profundidad de las huellas es variable, en buena medida porque fueron rellenadas por el sedimento circundante. La variabilidad en la profundidad de las huellas puede estar relacionada con a) cambio en la profundidad de la lámina de agua, b) diferente consistencia del fondo arenoso en diferentes partes y diferentes momentos y, c) cambios en la relación tamaño de grano-contenido en agua del sustrato.

Atendiendo a las fases del paso propuestas por Thulborn y Wade (1989) para las huellas de reptiles, estas huellas representan la fase B, más probablemente la fase Bb, cuando los dedos del pie rompen la superficie del sustrato y empujan hacia atrás formando unas marcas subparalelas. Este tipo de trazas podrían ser explicadas en una situación en la que el autor fuera nadando en un ambiente lo bastante profundo para flotar y sólo ocasionalmente tocar el fondo con la punta de los dedos. El dedo axial III fue probablemente el más grueso y largo, y, por lo tanto, produjo una impresión más profunda y ancha, alcanzando partes más profundas dentro del sustrato y generando una reacción tixotrópica en las capas inferiores del sedimento. La marca central se introduce en la arenisca inclinándose hacia atrás, lo que es congruente con la penetración del dedo central y su salida del sedimento siguiendo el movimiento del animal. De este modo, cuando el pie del terópodo salió del sustrato el sedimento fluyó hacia el interior de la huella y dejó una marca central corta, que en muchos casos se hace más profunda de forma inclinada. Los dedos II y IV, en el avance hacia delante del pie, tocaron el fondo dejando a ambos lados del dedo central anclado en el sedimento una marca alargada de arrastre conforme el pie (sobre todo el dedo central III) salía del sedimento. Así, las marcas más superficiales de los dedos II y IV se vieron menos afectadas por el relleno del sedimento fluido.

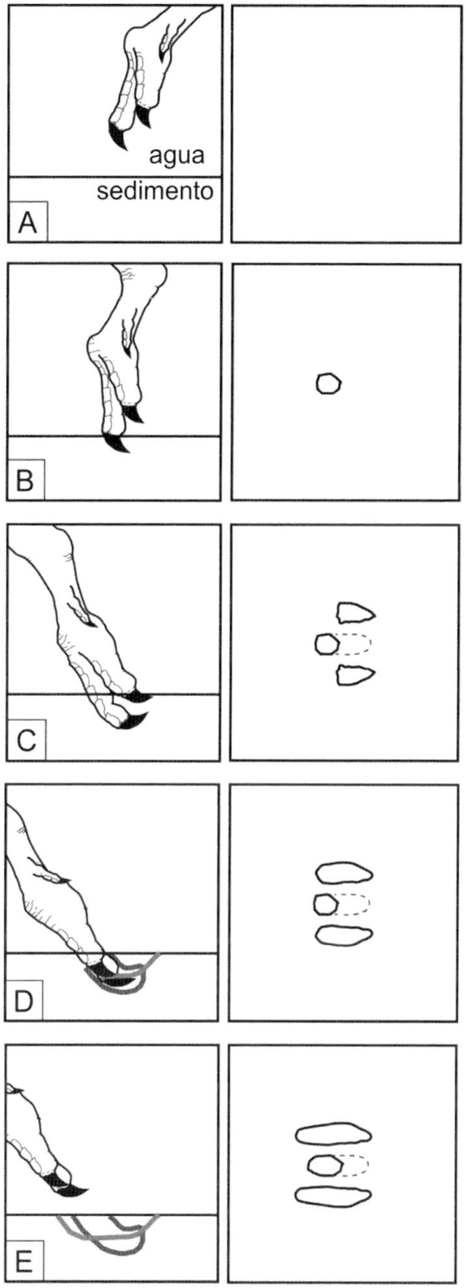

FIGURA 32. Proceso de formación de las huellas de Santisteban del Puerto, posiblemente por parte de un dinosaurio terópodo cuando avanzaba en seminatación sobre una lámina de agua que no le permitía apoyar completamente el pie en el fondo.

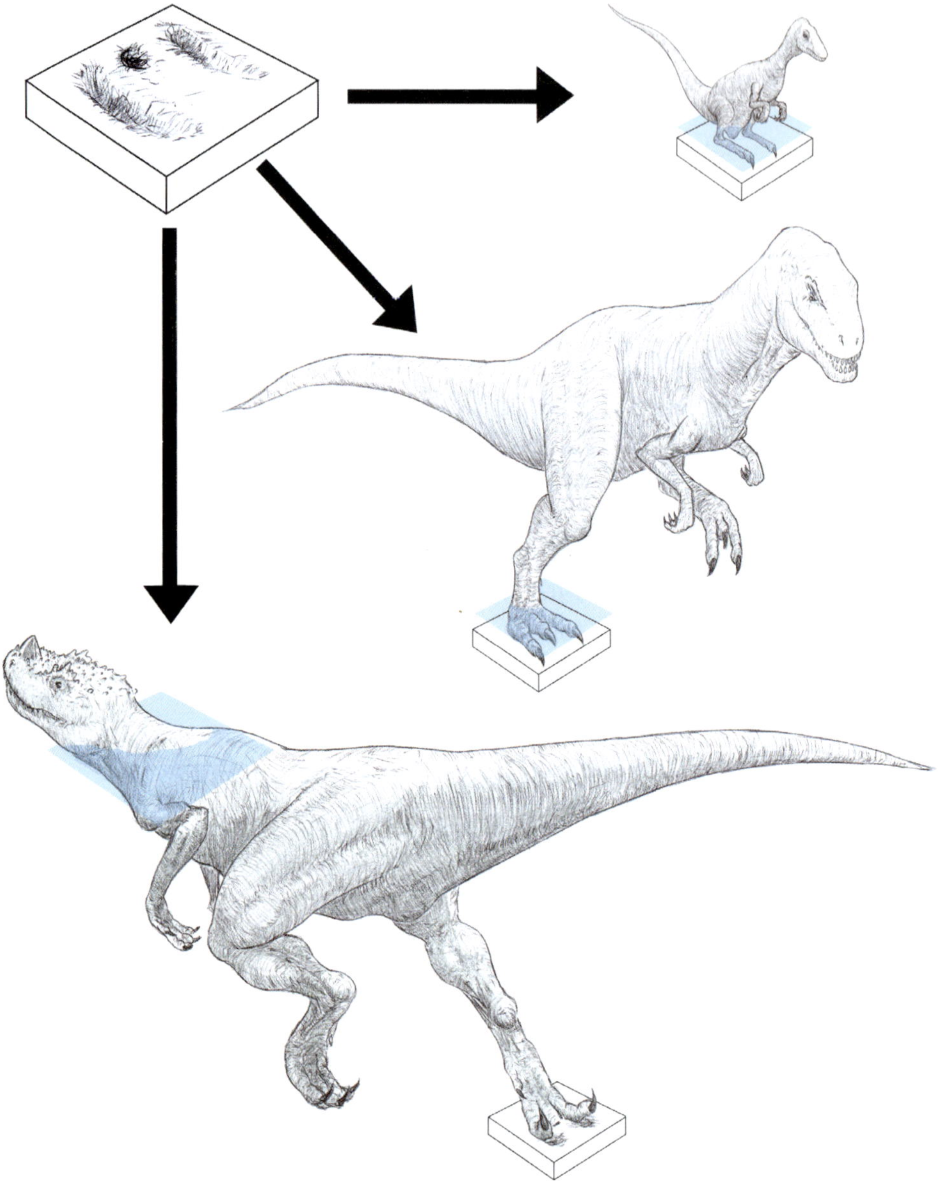

Figura 33. Distintas hipótesis sobre la formación de las huellas fósiles de Santisteban del Puerto. En la parte superior, un pequeño terópodo avanza a saltos, como los canguros, dejando cada pie una de las marcas laterales mientras que la marca central corresponde al pubis. En la figura intermedia, es un terópodo que deja una huella tridáctila pero la marca del dedo central es más corta debido a una anomalía en ese dedo que lo hace más corto. En la figura inferior, se interpreta la existencia de una lámina de agua más profunda que hace que el terópodo vaya flotando y sólo pueda alcanzar el fondo en algunas ocasiones, impactando primero con el fondo el dedo central.

El tamaño de las huellas sería mayor que el tamaño del pie del autor de las mismas, ya que parte de la huella se debe al arrastre del pie por el fondo una vez sacado del sedimento. Sin embargo, la distancia entre los dedos indica que fueron producidas por un gran arcosaurio tridáctilo, bien un dinosaurio terópodo o un poposaurio. Las diferencias en profundidad y longitud de las huellas están relacionadas con el tamaño y peso del reptil que las produjo, pero también con la consistencia del sustrato y la profundidad del medio acuático. Sin embargo, la anchura de las trazas está directamente relacionada con el tamaño del pie. El gran tamaño de las huellas excluye casi totalmente la posibilidad de que fueran producidas por un poposaurio, ya que huellas de este tamaño correspondientes a pies tridáctilos sólo se han encontrado en el Triásico superior y pertenecían a terópodos (icnogéneros *Kayentopus* y *Eubrontes*). Las diferencias en la anchura de las huellas confirman que fueron producidas por varios individuos. La ausencia de rastros, es decir, de un conjunto de huellas consecutivas de un mismo individuo, es congruente con un comportamiento nadador en el que el reptil bípedo (posiblemente un dinosaurio terópodo) toca sólo ocasionalmente el fondo, lo que también es congruente con la presencia de algunas huellas en las que sólo existe marca del dedo central. En conclusión, estas huellas fueron producidas hace aproximadamente 230 millones de años por diferentes terópodos, bien sea por un grupo cruzando un río, bien sea por diferentes ejemplares cruzando en distintos momentos. Teniendo en cuenta que los terópodos son carnívoros y que, en este caso, correspondería a terópodos de gran tamaño, no parece congruente que se deban a un grupo de terópodos ya que no es normal un comportamiento gregario, más propio de animales herbívoros. De este modo, la opción más probable es que se deban a diferentes animales cruzando un río por una zona habitual de paso en diferentes momentos. El ambiente en cualquier caso fue próximo a la costa como indica la proximidad de niveles carbonatados marinos con *Rhizocorallium* y bivalvos marinos o de aguas salobres, justo en los niveles por encima de las huellas de dinosaurio.

Por tanto, no se sabe quién fue el autor de las huellas, pero por lo visto anteriormente, es muy probable que las huellas de Santisteban del Puerto estén producidas por un reptil bípedo de tamaño medio a grande, posiblemente un dinosaurio saurísquio del grupo de los terópodos, aunque no se puede descartar totalmente que pudieran pertenecer a un poposaurio. Considerando que el autor fuera un terópodo y teniendo en cuenta la edad de los materiales (230 millones de años) y el gran tamaño de las pisadas, se incluyen entre los posibles autores a los terópodos ceratosaurios.

El yacimiento ha sido declarado Monumento Natural por la Junta de Andalucía en 2001 y se ha adecuado para la visita, con la instalación de paneles explicativos y una reconstrucción poco acertada del posible autor de las huellas.

Figura 34. Reconstrucción del terópodo del tipo carnosaurio, cruzando una zona relativamente profunda de un río o una zona costera mientras va dejando en el fondo algunas de las huellas del tipo de las que afloran en Santisteban del Puerto (la tercera hipótesis de la Figura 33).

3.- JURÁSICO

Restos de la tortuga *Hispaniachelys prebetica* en el fondo marino, con el cráneo desarticulado y separado del cuerpo. Nota: no se han hallado restos del cráneo de *H. prebetica* por lo que el aquí representado es una recreación.

3.1.- EL TRIUNFO DE LOS REPTILES

El periodo Jurásico empezó hace unos 201 millones de años y estuvo caracterizado por episodios de acusadas subidas del nivel del mar denominadas transgresiones, que se manifestaron en avances del mar sobre los continentes. A principios del Jurásico, el clima del planeta era aún cálido y seco con ciertas similitudes con el precedente periodo Triásico, que se caracterizó por su aridez. No obstante, a comienzos del Jurásico, el clima fue volviéndose más húmedo. Este cambio climático estuvo relacionado con la nueva configuración de los mares y las tierras emergidas y con una nueva circulación de las corrientes marinas debido a que la separación de las masas continentales de Pangea seguía su curso. El mar del Tethys siguió separando Gondwana de Laurasia. Además, fue durante el Jurásico cuando se comienza a abrir el Atlántico Norte que separa Norteamérica de Europa.

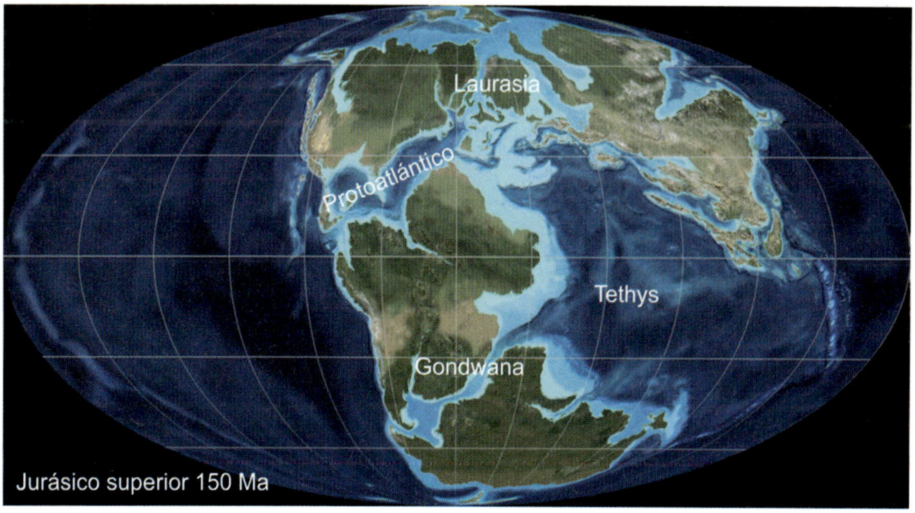

FIGURA 35. Mapa mundial paleogeográfico del Jurásico superior. Modificado de http://ja.ucc.nau.edu/rcb7/mollglobe.html

El clima más húmedo favoreció un aumento de la vegetación, fundamental para el desarrollo de los consumidores primarios, los herbívoros y, subsecuentemente, el resto de la cadena trófica. El paisaje probablemente se cubrió de plantas como las colas de caballo y licopodios que habían sobrevivido a la aridez extrema del Triásico. Las bennetiales y los hongos también se hicieron frecuentes y hay evidencias en el registro fósil de que se desarrollaron extensos bosques de helechos arbóreos y de cicadales (parecidas a los helechos y que siguen existiendo en la actualidad, pero restringidas a los trópicos). Los bosques de coníferas fueron tomando protagonismo a lo largo del Jurásico, junto con los ginkgos y araucarias, incluyendo los antepasados de los actuales pinos, cipreses y secuoyas. El incremento en la diversidad y abundancia vegetal produjo, en el caso de los vertebrados, un aumento y una diversificación de los herbívoros y, consecuentemente, de los carnívoros. Este aumento de la diversidad en los vertebrados se manifestó en los distintos tipos de reptiles que habían aparecido en el Triásico como tortugas, cocodrilos, lepidosaurios y sobre todo los dinosaurios. Fue tal la diversificación de los reptiles, que éstos llegaron a ser los dueños del medio aéreo con la proliferación del grupo de los pterosaurios, y de los mares con una gran proliferación de reptiles marinos enmarcados en dos grandes grupos, ictiosaurios y plesiosaurios. Diversos grupos de mamíferos coexistieron con los dinosaurios, aunque se mantuvieron como una fauna marginal de escasa incidencia en los ecosistemas. Ningún mamífero del Jurásico alcanzó un tamaño superior al de un gato.

Las propuestas paleoclimáticas globales, junto con estudios de carácter regional, interpretan unas condiciones paleoclimáticas cálidas correspondientes a la zona intertropical para el área marina que se extendía entonces al sur de Iberia (Margen Sudibérico) durante el Jurásico tardío, de acuerdo con una paleolatitud variable entre 25 y 30ºN. Para hacerse una idea, esta es la latitud actual de las Bahamas o de las Islas Canarias. En líneas generales, para el margen sur de Iberia se ha interpretado la existencia de un clima subtropical cálido y húmedo, probablemente estacional, con una temperatura superior a 20ºC.

Pero si por algo se caracteriza popularmente el periodo Jurásico, es por ser el periodo en el que dominaron y tuvieron una mayor diversidad los reptiles y, sobre todo, los afamados dinosaurios. Surgieron multitud de especies de reptiles que se extendieron por todos los continentes y que se adaptaron a una gran variedad de hábitats. Fue durante el Jurásico cuando los reptiles llegaron a dominar las plataformas marinas y el medio aéreo. No sólo aparecieron nuevos linajes de reptiles voladores dentro de los pterosaurios sino que, además, a finales del Jurásico apareció el *Archaeopteryx*, precursor de las aves.

Los depósitos continentales del Jurásico en la Península Ibérica son verdaderamente escasos. Aun así, se han encontrado tanto restos de vertebrados fósiles directos, como huellas de estos vertebrados. Concretamente, en la Península Ibérica destacan los hallazgos de restos de dinosaurios en materiales del Jurásico superior entre los que destacan grandes herbívoros saurópodos como el *Losillasaurus*, que alcanzaba los 20 m de longitud y de aproximadamente 25 toneladas, los estegosaurios como el *Dacentrurus* y el *Stegosaurus*, y dinosaurios acorazados del grupo de los ankilosaurios como *Dracopelta*. Entre los carnívoros, destacan algunos restos de *Megalosaurus*, *Allosaurus* y *Carnosaurus*, que podían alcanzar los 11 m de longitud, además de cocodrilos de aguas continentales como *Goniopholis*. Respecto al registro de huellas fósiles o icnitas, existen importantes yacimientos icnológicos en Asturias que corresponden también al Jurásico superior y representan medios costeros. Las huellas encontradas corresponden a terópodos, saurópodos y ornitópodos.

3.2.- LAS PLATAFORMAS MARINAS DEL JURÁSICO

Hacia principios del Jurásico, el supercontinente Pangea ya estaba claramente en fase de disgregación. Todavía existía un único y extenso continente al sur denominado Gondwana, que incluía los terrenos de lo que posteriormente sería Australia, India, África y Sudamérica. Al norte quedaba Laurasia, que estaba desmembrándose en los terrenos que actualmente constituyen Norteamérica y Eurasia. La separación de Laurasia y Gondwana dio paso al mar del Tethys, mientras que la separación de Norteamérica y Eurasia dio lugar al Protoatlántico, precursor del Atlántico Norte.

Los materiales Jurásicos, que conforman en buena medida los relieves de las Zonas Externas de la Cordillera Bética, se ubicaban paleogeográficamente en el extremo más occidental del Tethys. En el Jurásico, los márgenes occidentales del Tethys (más bien Neo-Tethys) presentaban algunas "pequeñas" masas de tierras emergidas que algunos autores denominan microcontinentes, correspondientes algunas de ellas a pequeñas placas tectónicas. Un ejemplo de estas áreas emergidas son el Macizo Ibérico, el Macizo de Orán, el Macizo de Alborán, el Macizo Central Francés, el Macizo de Bohemia, el Macizo de Armórica o el Macizo Irlandés. Uno de estos microcontienentes fue Iberia. Estas áreas emergidas delimitaban pequeños mares que constituían pasos o conexiones con los mares del Dominio Boreal ubicados más al norte, así como con el Protoatlántico.

El mundo del Jurásico fue predominantemente marino. Durante el Jurásico medio y tardío el nivel del mar tendió a subir en todo el planeta y generó la aparición de grandes extensiones continentales sumergidas. Así, el Jurásico en general, fue un contexto favorable para el desarrollo de amplias plataformas marinas, que se han denominado plataformas epicontinentales, en las que predominó el depósito de carbonatos que dieron lugar a potentes series de sedimentos que darían lugar a distintos tipos de calizas y, en menor proporción, dolomías. Estos materiales fueron el resultado de la acumulación de conchas calcíticas y aragoníticas de organismos marinos microscópicos y macroscópicos que forman su concha a partir de CO_3^{2-} y Ca^{2+} disueltos en el agua. En el Tethys se depositaron cantidades ingentes de $CaCO_3$ durante millones de años.

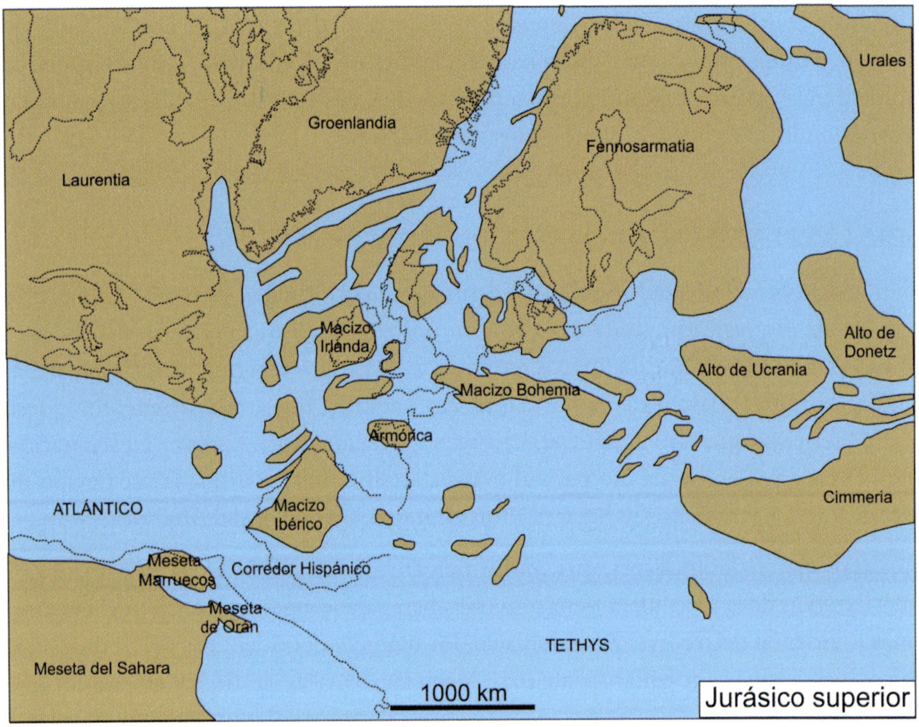

FIGURA 36. Paleogeografía del Tethys occidental durante el Oxfordiense (Jurásico superior). Las líneas discontinuas indican los límites costeros actuales. Paleogeografía inspirada en las cartas de Ziegler (1988).

Muy posteriormente, la redistribución de los continentes debido al movimiento relativo de las placas tectónicas, condujo al cierre del Neo-Tethys y la consiguiente deformación, plegamiento y fracturación de los depósitos carbonatados de esta gran cuenca sedimentaria. Estos materiales carbonatados emergieron y constituyen, hoy día, buena parte de los materiales que componen las Cordilleras Alpinas. Realmente, las Cordilleras Alpinas son como una cicatriz que nos indica el cierre del Mar del Tethys. En la actualidad, para conocer cómo fue ese gran mar debemos estudiar las rocas mesozoicas que aparecen desde Gibraltar hasta la India. El Neo-Tethys fue destruido casi totalmente cuando África, la Península Arábiga e India se desplazaron hacia el norte. Los mares Caspio, Mediterráneo y Negro son los residuos de aquel espléndido océano mesozoico.

Los relieves del Prebético, constituidos por las sierras de Cazorla, Segura, Las Villas, Bedmar o Aznaitín, representan los depósitos más próximos a la costa (neríticos) del margen continental sureste de Iberia (Margen Sudibérico). Mientras que los relieves del Subbético, constituidos por Sierra Mágina, Sierra de Grajales, Sierra de Alta Coloma, La Pandera, Jabalcuz o Sierra del Ahillo, corresponden a áreas más alejadas (pelágicas) del Margen Sudibérico. Las rocas carbonatadas (calizas, margocalizas, margas y dolomías) que constituyen las zonas externas de la Cordillera Bética se formaron originalmente por acumulación de sedimento en el fondo marino y se han elevado gracias al empuje relativo desde el sur y sureste de la Microplaca de Alborán y la Placa Africana sobre la Placa Ibérica.

3.3.- EL OXFORDIENSE DEL PREBÉTICO

El Oxfordiense es un piso del Jurásico superior que comprende el intervalo temporal representado por los materiales de entre 163 y 157 millones de años. Los materiales de edad Oxfordiense, que afloran en el Prebético, son de gran interés ya que se desarrollaron tras una severa inundación de la plataforma epicontinental, que pasó de ser un medio poco profundo durante el Jurásico medio a un ambiente hemipelágico relativamente profundo. Este ascenso del nivel del mar significó una transgresión en todos los dominios alpinos durante el Oxfordiense medio y tardío.

Los materiales del Oxfordiense en el Prebético de la Sierra de Cazorla corresponden a la denominada Formación Lorente y están constituidos por sucesiones de calizas bioclásticas, es decir, constituidas por abundantes fragmentos de conchas de organismos, y de ritmitas margoso-calcáreas (conjuntos rocosos constituidos por una alternancia de niveles de caliza y de marga). El espesor de estos materiales es variable entre varios metros y una veintena de metros. Entre los fósiles que aparecen en estas rocas destacan por su abundancia los ammonites, belemnites y esponjas silíceas, y en menor proporción bivalvos, erizos de mar, crinoides y braquiópodos.

Los únicos restos fósiles de vertebrados encontrados en todo el Jurásico de la Cordillera Bética son unos restos de tortuga hallados en el afloramiento denominado Riogazas-Chorro-Esponjas. Su nombre deriva de su localización entre el paraje de Riogazas y El Chorro, que a su vez se caracteriza por la presencia de bioconstrucciones de esponjas. El perfil se localiza en la ladera occidental de la Sierra de Cazorla, junto a la pista forestal que une la población de La Iruela con el nacimiento del Guadalquivir.

La asociación fósil registrada en los materiales donde se han encontrado los restos de esta tortuga está claramente dominada por los ammonoideos (84% de la asociación), seguidos de belemnites y algunos macroinvertebrados bentónicos como bivalvos y equinoideos (erizos irregulares principalmente).

Figura 37. Fotos del caparazón y del plastrón de la tortuga *Hispaniachelys prebetica*.

Los rasgos sedimentarios de los materiales del Oxfordiense del Prebético, así como la composición de las asociaciones fósiles, indican un depósito en condiciones relativamente profundas, entre los 60 y 80 m bajo el nivel del mar, con baja energía ya que se encontraría por debajo del nivel de base del oleaje y, por eso, no se han encontrado estructuras sedimentarias tractivas.

3.4.- EL REGISTRO FÓSIL DE LAS TORTUGAS

Las tortugas (Orden Testudines o Chelonii) provienen de uno de los linajes anápsidos más antiguos, posiblemente relacionado con los procolofónidos de finales del Paleozoico. Sin embargo, las tortugas como tales no aparecen hasta el Triásico superior, hace unos 220 millones de años. Desde entonces, las tortugas han llegado a nuestros días con muy pocos cambios en su morfología primitiva. Están cubiertas por una coraza que consta de caparazón en su parte dorsal y un plastrón ventral. La coraza está constituida, a su vez, por una capa córnea externa de queratina que forma los escudos dérmicos, y otra interna de hueso que constituye las placas óseas. La capa ósea es el resultado de la fusión de costillas, vértebras y diversos elementos dérmicos osificados. Una gran diferencia de las tortugas respecto al resto de vertebrados es que las extremidades y las cinturas (pélvica y escapular) están situadas en el interior de la caja torácica. Las tortugas son un ejemplo extremo de modificación de la estructura básica funcional de los tetrápodos.

Pese a la apariencia torpe y pesada que les otorga su coraza protectora, son un grupo variado y próspero que ha superado exitosamente episodios tan delicados como el evento catastrófico que produjo la extinción de finales del Cretácico, sin experimentar importantes cambios evolutivos.

El fósil de la tortuga más antigua conocida es *Odontochelys semitestacea* procedente del Triásico tardío de Guizhou, China, la cual tiene una edad de 220 millones de años. *Proganochelys quenstedti* (210 millones de años), fue previamente considerada la tortuga más vieja conocida hasta el descubrimiento de *Odontochelys semitestacea* en 2008.

Los especímenes completos de tortuga son excepcionalmente raros en el registro fósil del Jurásico y están habitualmente limitados a restos fragmentarios y aislados, constituidos solamente por la coraza o por el cráneo.

Fue en el Jurásico superior cuando se produjo uno de los episodios más importantes en la diversificación taxonómica de las tortugas marinas, ya que fue posiblemente en el tránsito entre el Jurásico medio y el superior cuando el Orden Testudinata se dividió en lo que serían Cryptodira y Pleurodira. Son muy numerosos los hallazgos de restos fósiles de tortugas mesozoicas en Europa, incluyendo las calizas de Solnhofen (Alemania), los montes del Jura suizo en Solothurn, la Formación Lourinhá (Portugal) o la Formación Tereñes (España) entre otros, siendo todos ellos correspondientes al Jurásico superior (a partir del Kimmeridgiense) y el Cretácico inferior. Sin embargo, en los sedimentos marinos previos, los restos fósiles de tortuga en Europa son extremadamente escasos, pese a ser éste un intervalo temporal especialmente interesante para desvelar la evolución de las tortugas marinas. El hallazgo de una tortuga del Oxfordiense (Jurásico superior) en la Sierra de Cazorla ha supuesto un gran descubrimiento para el estudio evolutivo de este grupo.

3.5.- *HISPANIACHELYS PREBETICA*

El único vertebrado fósil del Jurásico encontrado hasta hoy día en toda la Cordillera Bética pertenece a una tortuga marina que se ha denominado *Hispaniachelys prebetica*. El nombre del género, *Hispaniachelys*, procede de España en latín y de tortuga en griego, mientras que el nombre de la especie, *prebetica*, procede del Prebético, donde el espécimen fue encontrado. Este ejemplar fue hallado por el Dr. Matías Reolid, de la Universidad de Jaén.

Se trata de un espécimen constituido enteramente de elementos postcraneales, incluyendo la mayor parte del caparazón y el plastrón, algunas vértebras cervicales desarticuladas y algunos huesos internos de la coraza tales como las vértebras dorsales, la escápula y algunas costillas. Los elementos distales del esqueleto como el cráneo, la cola y los miembros anteriores y posteriores no han sido hallados en el yacimiento. Pero esto es habitual en los restos fósiles de tortuga, ya que el caparazón fusionado y el plastrón osificado son menos propensos a la desarticulación que otras partes del esqueleto.

El caparazón mide 43 cm de longitud y 34 cm de anchura y tiene una altura de 17,5 cm en el eje dorsoventral, que es el punto más alto. El caparazón está preservado en tres dimensiones, es decir, no se ha comprimido y deformado, por lo que mantiene la curvatura original. El plastrón, en cambio, está colapsado dentro del caparazón, probablemente en relación con la posición en la que el ejemplar quedó enterrado por el sedimento en el fondo marino, que fue con el vientre hacia arriba. Consecuentemente, el plastrón está roto, aunque todavía relativamente bien preservado.

Tanto el caparazón como el plastrón de las tortugas están constituidos por placas óseas, las cuales están a su vez recubiertas por escudos dérmicos. La forma y tamaño de las placas óseas no coincide con la de los escudos dérmicos, por lo que los límites entre los escudos dérmicos pueden reconocerse como pequeñas suturas en las placas óseas. Los elementos preservados del caparazón incluyen: una placa ósea nucal, doce de las dieciséis placas costales (tres de las cuales están parcialmente conservadas), las placas óseas neurales I, III, IV, V, VI, VII y VIII, y además, parte de la primera suprapigal. Dieciséis de las veintidós placas óseas periferales están preservadas. Las placas del caparazón tienen un grosor relativamente continuo de, aproximadamente, 9 mm.

Éste es el único ejemplar encontrado hasta la fecha de este género y esta especie. Actualmente, está depositado en el Aula Museo de Paleontología de la Universidad de Granada. En líneas generales se trata de una tortuga moderadamente grande con un grueso caparazón totalmente osificado; ocho placas neurales hexagonales; ocho costales; una nucal trapezoidal; un proceso epiplastral dorsal; un entoplastrón en forma de diamante que no separa la porción anterior del epiplastrón; una placa cervical simple que cubre la mitad de la nucal; una sutura vertebral 3-4 cruzando la neural 5; escudos pectorales estrechos anteroposteriormente; un surco pectoral/humeral sinuosoidal; escudo anal confinado al xifiplastrón.

FIGURA 38. Foto de detalle del caparazón de la tortuga *Hispaniachelys prebetica*, por ahora la tortuga más antigua encontrada en la Península Ibérica.

Aunque tiene una morfología similar a la de *Plesiochelys solodurensis*, sin embargo, difiere en la posesión de un proceso epiplastral dorsal. La presencia de este carácter significa que esta tortuga puede ser excluida de la familia "Plesiochelyidae". Algunas diferencias menos relevantes respecto a *Plesiochelys solodurensis* incluyen: (a) un hueso nucal adomado (aunque las hembras de *Plesiochelys solodurensis* tienen una placa nucal bastante adomada) con un margen exterior externamente curvado no deprimido con los bordes aserrados a las primeras costales y las primeras tres placas periferales, (b) un contacto aserrado entre las periferales III y IV, (c) placas neurales asimétricas VII y VIII, (d) escudos pleurales sub-hexagonales con el primer escudo pleural teniendo un margen adicional con el escudo marginal IV, (e) escudos vertebrales comparativamente estrechos que son notablemente más hexagonales en su contorno que los de *Plesiochelys*, (f) los escudos vertebrales poseen unos márgenes lineales distintivamente más curvos que en *Plesiochelys*, (g) estructuras interdigitadas fuertemente desarrolladas en la línea media de sutura del plastrón, (h) posesión de una fontanela plastral central pequeña, (i) emarginación trapezoidal invertida en la parte posterior del escudo vertebral IV, y (j) un estrechamiento posterior de la quinta placa neural.

H. prebetica comparte numerosos caracteres con *Eileanchelys waldmani*, una especie Jurásica algo más antigua, del Bathoniense, tales como la presencia de un proceso epiplastral dorsal, una nucal trapezoidal, una conexion ósea del plastrón al caparazón, un entoplastrón que no divide el epiplastral anteriormente y un escudo anal que no se extiende al hipoplastrón. Sin embargo, *H. prebetica* difiere de *E. waldmani,* en la ausencia de mesoplastrón. Adicionalmente, el surco entre las vertebrales III y IV cruza la neural VI en *E. waldmani* y otras tortugas como *Condorchelys antiqua*, y no la neural V como ocurre en *H. prebetica.* El taxón basal, *Kayentachelys aprix* también muestra rasgos presentes en *H. prebetica*, como el proceso epiplastral dorsal y una única cervical. *H. prebetica* difiere de *K. aprix* y otros taxones como *Glyptops plicatulus* en la ausencia de mesoplastrón.

Como se ha comentado anteriormente, el espécimen está constituido enteramente de elementos postcraneales. El caparazón no muestra signos de deformación por compresión y mantiene la forma original.

En general, el grado de fragmentación es bajo y parece afectar principalmente a las partes distales de los huesos, que están fracturadas pero no redondeadas. Otros componentes presentan alguna fragmentación y desarticulación, pero no están desplazados significativamente, por ejemplo, las placas del caparazón. En cambio, el plastrón ha perdido su integridad y ha colapsado en el interior de la cavidad del caparazón. Pese a que el plastrón está roto, se mantiene relativamente bien preservado. La superficie externa del caparazón muestra marcas de raspaduras de tipo *Gnatichnus.*

La posición inusual invertida del espécimen, dentro del estrato en el que se halló, indica que fue volteado en algún momento tras su depósito en el fondo marino, quedando con el vientre (es decir el plastrón hacia arriba). Ya que no hay evidencias de que las condiciones del medio fueran muy energéticas, no se puede aludir a fuertes corrientes u oleaje para explicar el volteo de los restos. Por lo tanto, se puede aludir a la actividad de organismos carroñeros de gran tamaño, muy posiblemente algún otro reptil marino o algún gran pez. Esto además explicaría la ausencia de bioerosiones de raspaduras en el plastrón, ya que inicialmente habría estado protegido de las bioerosiones producidas por organismos al quedar el plastrón contra el fondo marino, bajo el caparazón que sí que estaría expuesto a la bioerosión.

El colapso del plastrón está relacionado con la presión ejercida por la carga de sedimento una vez que la coraza quedó girada en posición ventral, hundiéndose dentro de la cavidad interna del caparazón. En cambio, el caparazón resistió esta presión de carga siendo soportado por el sedimento infrayacente, así como por su constitución más robusta que la del plastrón, que no está preparado para soportar presión hacia el interior del vientre.

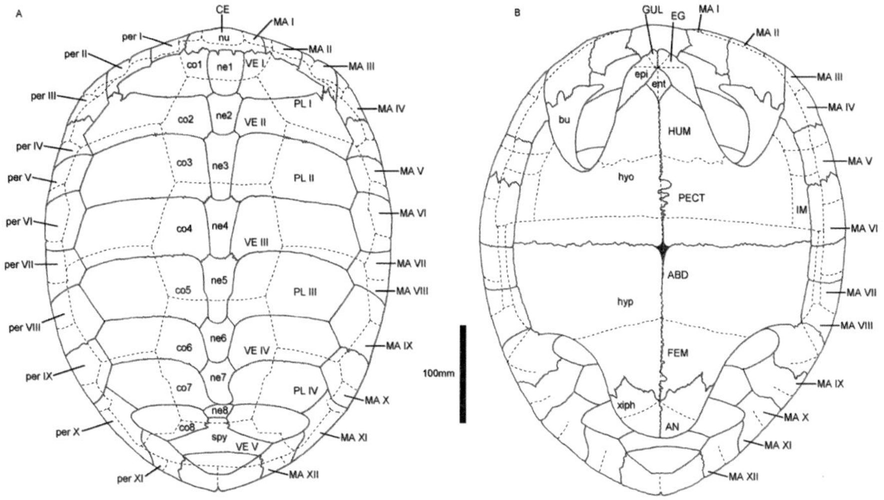

FIGURA 39. Dibujo esquemático del caparazón y el plastrón.

El caparazón está relativamente intacto y los huesos no están ampliamente dispersados, aunque algunos elementos distales, como la cabeza o las extremidades, han desaparecido. Esto puede estar relacionado con la destrucción o dispersión llevada a cabo por organismos carroñeros, que con mayor facilidad pudieron devorar estas partes anatómicamente más accesibles. La posición invertida, con la convexidad hacia el sustrato marino, que presentó el espécimen antes de enterrarse, previno o disminuyó la desarticulación de las placas óseas del caparazón. Estudios tafonómicos previos indican que la cabeza, cuello, cola y extremidades tienden a desarticularse temprano y que además, el caparazón se suele desarticular antes que el plastrón.

Hay algunas fracturas en las porciones distales que sugieren la implicación de los carroñeros de gran tamaño, a los que se aludía anteriormente para explicar la posición invertida de la coraza. Estas fracturas no son el resultado de resedimentación, ya que datos sedimentológicos previos de este afloramiento indican que el medio era poco energético. La baja fragmentación general es congruente con la ausencia de cualquier estructura sedimentaria indicativa de turbulencia y los datos de microfacies caracterizadas por grano muy fino (*wackestone* de peloides). Las superficies de fractura no están desgastadas ni redondeadas, signos que evidenciarían resedimentación de los restos o gran movilidad de los granos en el fondo. Los ammonoideos y los bivalvos preservados junto a la tortuga, así como los registrados a lo largo de toda la sección de Riogazas-Chorro presentan un bajo grado de fragmentación. Esto es totalmente consistente con la interpretación de un medio poco energético. Las porciones distales de los huesos carecen completamente de signos de abrasión.

La distribución de las bioerosiones en la coraza indica una colonización inicial principalmente por raspadores del caparazón expuesto, lo que sugiere que esta actividad tuvo lugar previamente al giro de la coraza que la dejó en posición invertida. Las trazas de pasto del erizo de mar denominadas *Gnatichnus pentax* son el resultado de la actividad del equinoideo *Hemicidaris* alimentándose de algas y cualquier otro material orgánico que encostre el caparazón como han propuesto Reolid y colaboradores (2015).

FIGURA 40. Reconstrucción de la *Hispaniachelys prebetica*.

Los materiales de edad Oxfordiense del Prebético Externo se depositaron en un medio de plataforma media con importante influencia pelágica (hemipelágica) como se desprende de la abundancia de foraminíferos planctónicos y ammonoideos. El hallazgo de la tortuga en este contexto confirma que fue un animal que vivió en ambientes costeros y de plataforma marina. Puede que los dedos de *Hispaniachelys* no formaran una aleta fusionada como ocurre en los chelonioidos actuales. No en vano, muchos chelonioidos fósiles de los más primitivos no tenían aún sus dedos totalmente fusionados formando una aleta. En el ejemplar estudiado se han hallado sólo algunos elementos de la mano, que no muestran indicios de constituir una verdadera aleta.

En el caso de los especímenes del género *Plesiochelys*, cuando se preserva el glenoide, éste se localiza sobre una proyección del cuello que facilita un incremento de la extensión lateral de los limbos. Esta es una característica que se observa en las tortugas modernas y que emplean en su natación activa, lo que les da una mejor maniobrabilidad en el agua y es, por tanto, una evidencia biomecánica de la vida en mar abierto de estas tortugas. Estas consideraciones son perfectamente válidas en el caso del género *Hispaniachelys*.

Las evidencias anatómicas en la articulación de los limbos y de los dedos sugieren que *Plesiochelys* e *Hispaniachelys* estaban adaptados a ambientes marinos someros en los que posiblemente podían caminar sobre el fondo marino. Estas evidencias anatómicas son más parecidas a las observadas en tortugas de agua dulce que a las observadas en tortugas migratorias puramente oceánicas como *Dermochelys*. El ejemplar de *Hispaniachelys prebetica* muestra una porción anterior de la coraza bastante adomada, lo que en los ejemplares de *Plesiochelys* puede interpretarse como un rasgo propio de las hembras. Este rasgo del caparazón serviría para acomodar dorsoventralmente grandes elementos óseos y musculares de los hombros que proporcionarían una mayor fuerza para la excavación en la arena a la hora de realizar la puesta de huevos. Las tortugas oceánicas migratorias reducen el esfuerzo en sus largos viajes con un caparazón muy aerodinámico. La coraza más alta dorsoventralmente en el frente del espécimen es un rasgo típico de las tortugas marinas actuales. La morfología de los elementos que componen los hombros de las tortugas totalmente marinas es similar a la de las tortugas acuáticas de agua dulce, pero más masiva y habitualmente más larga dorsoventralmente. Las tortugas terrestres, en cambio, presentan un caparazón mucho más arqueado. El caparazón grueso y pesadamente osificado que presenta *Hispaniachelys prebetica* habría sido muy útil en ambientes marinos costeros, donde las fisiologías que facilitan la maniobrabilidad y protección son más importantes que la reducción de peso y la conservación de energía que son, en cambio, muy importantes en el caso de tortugas que habitan en medios oceánicos y realizan largos viajes migratorios. Así, el hallazgo de la tortuga en un ambiente de plataforma media sugiere una deriva "*post-mortem*" hacia aguas más profundas, o bien que *Hispaniachelys prebetica* fuese capaz de vivir en medios relativamente marinos profundos e incluso realizar extensos viajes migratorios oceánicos siendo autóctona para este paleoambiente. Ya que Iberia fue durante el Jurásico superior un microcontinente situado en la parte más occidental del Tethys, la dispersión por medio de migraciones marinas sería el escenario más probable para la amplia distribución de tortugas marinas como las del género *Plesiochelys* a través de las islas que constituían las numerosas zonas emergidas de Europa.

Este espécimen es el único tetrápodo conocido en los materiales del Jurásico superior (y del Jurásico en general) de la Cordillera Bética. Los vertebrados que coexistieran con *Hispaniachelys prebetica* se desconocen, aunque puede inferirse a partir del registro en otros sectores del Tethys que, con toda seguridad, el margen continental del sur de Iberia debió de estar también habitado por otros reptiles marinos.

FIGURA 41. Marcas de bioerosión del icnogénero *Gnatichnus* sobre el caparazón producidas por un erizo regular.

Los restos de *Hispaniachelys prebetica* son de especial interés no sólo por constituir un nuevo género y una nueva especie, sino además por encontrarse entre los restos de tortuga más antiguos de la Europa continental. La mayor parte de las tortugas fósiles del Mesozoico encontradas hasta el momento en Europa, corresponden al Kimmeridgiense, Tithónico y Cretácico. Destacan en este sentido los yacimientos de Francia, Alemania y Suiza. Entre los más famosos, no sólo por los restos de tortuga, cabe destacar los yacimientos de Solothurn (Suiza) y Solnhofen (Alemania).

En cuanto al registro de tortugas en la Península Ibérica destacan igualmente yacimientos del Jurásico superior y Cretácico, en todos los casos, más modernos que el yacimiento de la Sierra de Cazorla.

Son importantes los restos de *Plesiochelys* de las formaciones Lourinhã y Freixial, de edad Kimmeridgiense en Portugal. En Aragón y especialmente en la provincia de Teruel, se han encontrado restos de tortugas correspondientes al tránsito Jurásico-Cretácico (Tithónico-Barremiense). Pero lo más significativo es la aparición de huevos fósiles de tortuga. También destacan los yacimientos de Lo Hueco y Las Hoyas (provincia de Cuenca) que están proporcionando numerosos ejemplares de reptiles entre los que se incluyen restos de tortuga. Sin embargo, la edad de los restos más antiguos de estos yacimientos es Kimmeridgiense-Tithónico, es decir, posterior a la de *Hispaniachelys prebetica* de la provincia de Jaén. Otros restos de tortuga descritos son, por ejemplo, los del Cretácico superior del norte de España en la Formación Laño (Alava) que presenta restos de Cryptodira y Pleurodira.

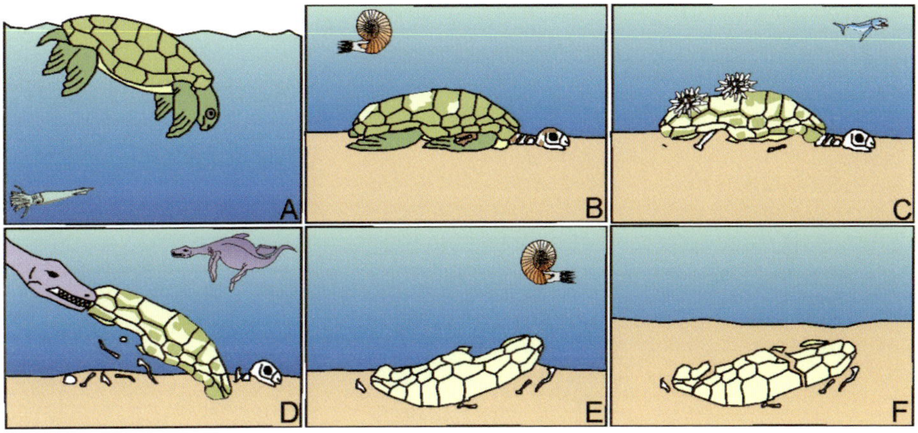

FIGURA 42. Historia tafonómica de los restos de *Hispaniachelys prebetica* desde su muerte a su enterramiento completo.

Existen muchos otros afloramientos en Europa que han proporcionado restos de tortugas marinas, incluyendo las calizas de Solnhofen (Alemania), o Solothurn en los Montes del Jura suizo. Pero todos estos afloramientos son de edad posterior al Oxfordiense en el que se ha hallado la *Hispaniachelys prebetica*.

4.- CRETÁCICO

Steneosaurus saliendo a respirar cerca de una orilla donde se observa un dinosaurio terópodo de tamaño medio.

4.1.- LOS MARES DEL CRETÁCICO

Al principio del Cretácico, hace aproximadamente 145 millones de años, las masas continentales estaban colocadas de forma similar a la del Jurásico superior. Sin embargo, según progresó este periodo, el Atlántico fue separándose aún más, distanciándose Sudamérica de África al sur y Norteamérica y Groenlandia de las Islas Británicas y Escandinavia al norte. La expansión del fondo marino también llevó a la separación de distintas placas al sur de Gondwana como la australiana, la antártica y la índica. La mayor parte de la actual Europa estaba sumergida. Estos cambios paleogeográficos produjeron el aislamiento de muchas comunidades y el incremento en la diversidad.

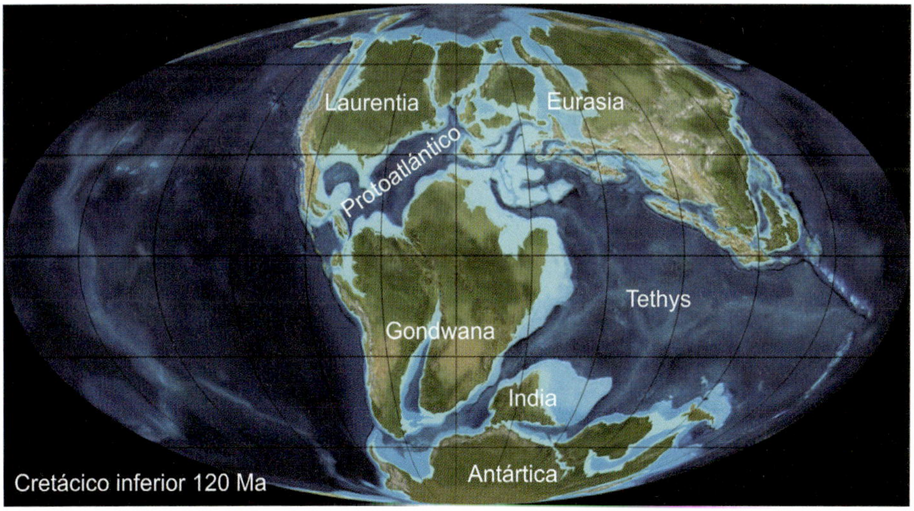

FIGURA 43. Mapa mundial paleogeográfico del Cretácico inferior. Modificado de http://ja.ucc.nau.edu/rcb7/mollglobe.html

En el mar existía una fauna rica y diversa, con proliferación de los equinodermos y, sobre todo, de un grupo particular de bivalvos, los rudistas, que podían alcanzar grandes dimensiones y, lo más importante, constituían bioconstrucciones arrecifales en ambientes poco profundos y cálidos. Estos arrecifes proliferaron en el Tethys y tuvieron especial éxito desde mediados del Cretácico hasta el final del mismo. Los rudistas tenían un tamaño muy variado, siendo los más grandes los *Radiolites* y los *Hippurites*. Estos bivalvos se caracterizaban por tener una gran valva con forma de copa que se apoyaba sobre el sustrato arenoso, y una valva superior a modo de tapadera engoznada con grandes dientes y alvéolos. Otros rudistas tenían las valvas parcialmente enrolladas, tal es el caso de *Requienia* y *Pseudotoucasia*, este último particularmente abundante en el Cretácico inferior de la Sierra de Segura.

Figura 44. Paleogeografía del Tethys occidental durante el Berriasiense (Cretácico inferior). Las líneas discontinuas indican los límites costeros actuales. Paleogeografía inspirada en las cartas de Ziegler (1988).

Los ammonites y braquiópodos, sin embargo, fueron comparativamente menos abundantes que en el Jurásico y aparecieron nuevas especies de crustáceos carnívoros.

Una amplia variedad de grandes reptiles poblaron los mares del Cretácico superior, con gran variedad de formas, tamaños y hábitats, en cierto modo equivalentes a la diversidad actual de mamíferos marinos. Fueron muy abundantes los ichtyosaurios (reptiles con forma de pez que recuerdan a un delfín), los plesiosaurios (con largos cuellos y extremidades en forma de remo), los pliosaurios (de cuello corto, cráneos grandes y anchos, y extremidades en forma de remo) y los mosasaurios (similares a los anteriores pero con cola plana similar a la de los cocodrilos que les ayudaba en la natación). Los mosasaurios fueron el grupo más exitoso por su expansión a nivel mundial y su gran diversidad de formas, llegando algunas especies a alcanzar los 15 m de longitud. Los mosasaurios reemplazaron progresivamente a los plesiosaurios e ichtyosaurios, que realmente fueron los dominadores durante el Jurásico, y cuya decadencia comenzó en el Cretácico. Además, proliferaron las tortugas marinas y distintos grupos de cocodrilos marinos, entre los que destacan los teleosaurios. Tanto de teleosaurios como de tortugas marinas se han encontrado numerosos restos en la Península Ibérica en materiales cretácicos.

En tierra firme, el Cretácico fue el periodo de los dinosaurios y pterosaurios. Pero el mayor cambio en los ecosistemas continentales fue la proliferación de las plantas con flores (angiospermas), que evolucionaron conjuntamente con determinados grupos de insectos que facilitaban la polinización. En tierra, proliferaron además nuevos tipos de plantas y aparecieron grandes bosques, lo que favoreció la diversidad de nuevos dinosaurios herbívoros.

4.2.- *STENEOSAURUS*, UN COCODRILO MARINO

Los cocodrilos de aquel tiempo llegaron a vivir en numerosos hábitats y ocupar nichos ecológicos diferentes a los ocupados por los cocodrilos actuales. La idea general que se tiene actualmente de los cocodrilos es la de un animal de gran tamaño que vive en las orillas de los ríos. En el pasado, los cocodrilos presentaban arquetipos muy diversos y en muchos casos alejados de los que conocemos hoy día. Los cocodrilos son un grupo con un ancestro común único, es decir, son un grupo monofilético, que estaría emparentado con los arcosaurios que se describieron previamente cuando hablamos de los posibles autores de las huellas del icnogénero *Chiroterium*. Los arcosaurios eran reptiles de hábitos terrestres y con gran habilidad. Los cocodrilos más antiguos proceden de materiales continentales de Pangea, en ambientes predominantemente áridos y secos. A lo largo de la historia evolutiva, este grupo fue progresivamente ocupando hábitats acuáticos con representantes tanto en medios marinos como en aguas continentales. La ocupación de un nicho acuático marino conllevó un incremento en la longitud corporal y del rostro. Aunque el registro fósil de los cocodrilos se inicia en el Triásico superior, hace unos 230 millones de años, su máxima diversidad se alcanzó durante el Cretácico temprano. Casi la totalidad de los cocodrilos fósiles encontrados del Jurásico superior y Cretácico inferior pertenecen al grupo de los talatosuquios (metriorrínquidos y teleosáuridos). Los talatosuquios se caracterizan por lo general por presentar un rostro muy alargado y estrecho. Se pueden diferenciar tradicionalmente dos grupos de talatosuquios según la morfología de su cráneo: longirostrinos (con mandíbulas largas y estrechas) y brevirostrinos o mesorrostrales (mandíbulas más cortas y anchas).

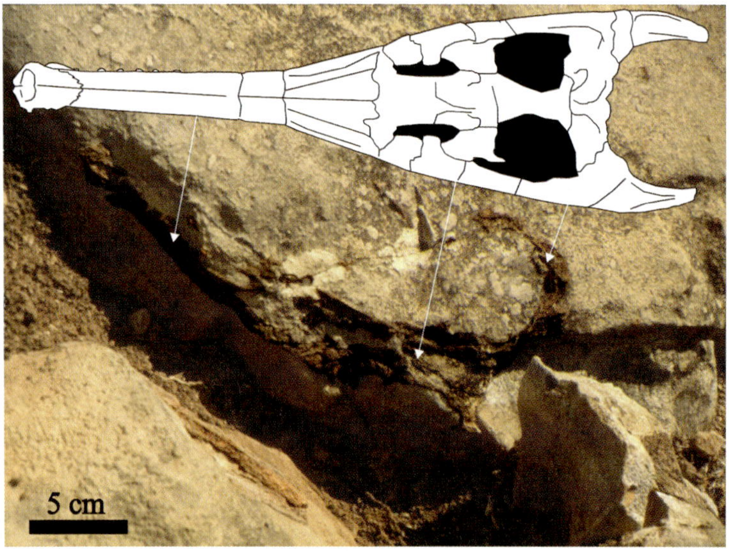

Figura 45. Fotos de campo donde se ven los restos fósiles del cocodrilo marino (grupo de los teleosaurios, género *Steneosaurus*). En la foto superior se observa parte del cráneo aflorando en la caliza; en la foto inferior, conjunto de vértebras desarticuladas, aunque alineadas (fotos originales del Profesor Dr. Ginés de Gea, Universidad de Jaén).

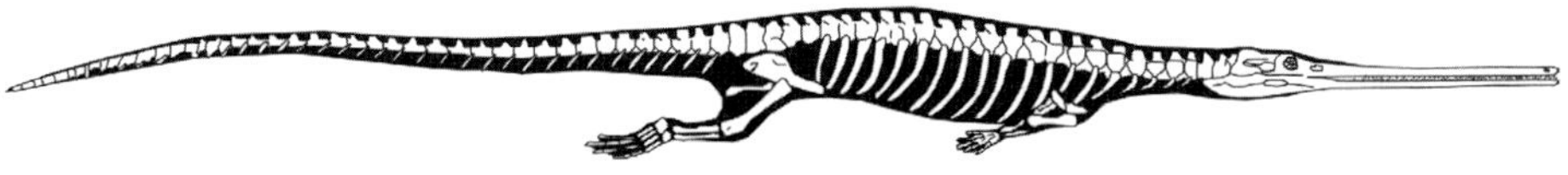

Figura 46. Esqueleto de *Steneosaurus*.

Los únicos restos fósiles de reptil correspondientes al periodo Cretácico hallados en la provincia de Jaén son los correspondientes a un cocodrilo marino que vivió al inicio del Cretácico Inferior (Berriasiense). Estos restos han sido hallados al sur de Bedmar (Sierra Mágina) por el Profesor Ginés A. de Gea de la Universidad de Jaén, en unas calizas ligeramente nodulosas. El material encontrado está constituido por un fragmento craneal y una serie de vértebras que, aunque no se encuentran articuladas entre sí, se presentan alineadas y en sucesión. El ejemplar pudo haber medido más de un metro de longitud. La condición diápsida del cráneo, el desarrollo de sus fenestras supratemporales y la configuración alargada del rostro (talatosuquio longirrostro), permiten interpretar que los restos pertenecen a un cocodrilo marino. De acuerdo con sus características vertebrales, este ejemplar parece corresponder al género *Steneosaurus* (familia Teleosauridae).

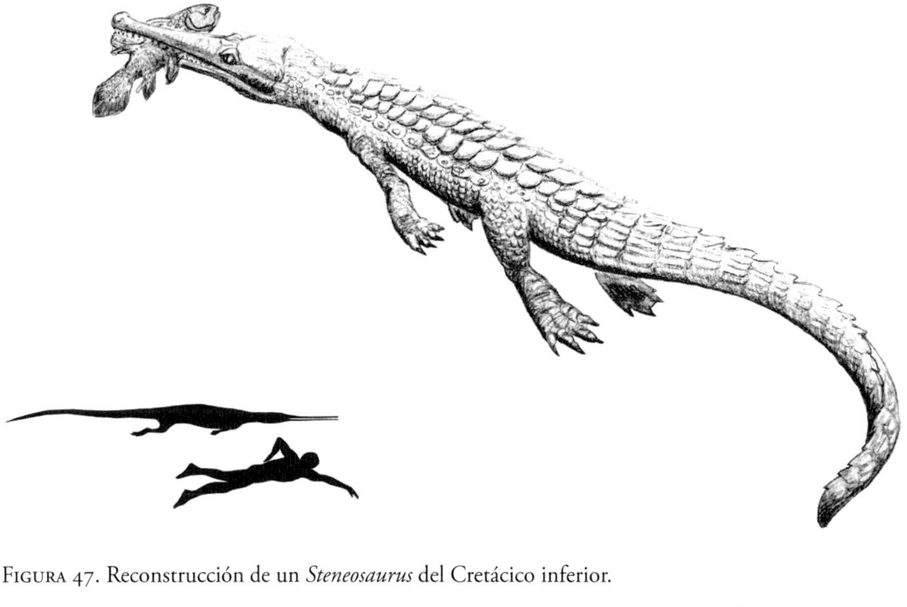

Figura 47. Reconstrucción de un *Steneosaurus* del Cretácico inferior.

Los teleosaurios tenían una mandíbula muy larga y estrecha, tal y como tienen los gaviales de la India actualmente. Sus largos, delgados y afilados dientes (dentición isodonta de dientes cónicos) eran como agujas y se encontraban entrecruzados de manera que su boca constituía una trampa perfecta para peces y cefalópodos. Estos cocodrilos marinos se adaptaron a la vida en el océano, siendo muy buenos nadadores. Así lo indican sus patas palmeadas, que funcionarían a modo de aletas y su cola, que utilizaría para propulsarse. Su cuerpo aerodinámico, que pudo alcanzar los 4 m de largo, es el resultado de una perfecta adaptación al medio acuático.

Concretamente, *Steneosaurus* es un género extinto de crocodiliforme teleosáurido que vivió desde el Toarciense (Jurásico Inferior) al Berriasense (Cretácico Inferior). Se han hallado fósiles de *Steneosaurus* en Inglaterra, Francia, Alemania, Suiza y Marruecos. La especie más grande, *Steneosaurus heberti*, alcanzaba hasta 5 m de largo, aunque lo habitual era una longitud entre 2,5-3,5 m.

4.3.- HUELLAS DE TERÓPODO DE LA SIERRA DEL POZO

Existen pisadas de dinosaurio en las calizas del tránsito Jurásico-Cretácico del Prebético, concretamente en la Sierra del Pozo entre el nacimiento del río Guadalquivir y el Pico Cabañas. Estas huellas fueron descubiertas por el Profesor Manuel García Hernández, de la Universidad de Granada, que las dio a conocer en su tesis doctoral (1978). El yacimiento se localiza en materiales originados en un medio marino muy poco profundo dominado por mareas. La Formación Sierra del Pozo aflora extensamente en el sector meridional de las Sierras de Cazorla y Segura. Es una potente sucesión de rocas carbonatadas de más de 400 m de espesor correspondiente al tránsito Jurásico-Cretácico. La sucesión se compone de pequeñas secuencias de facies de un espesor inferior a los 5 m, que se repite sistemáticamente. La base de estas secuencias se compone de:

(1) Calizas anoduladas y bioturbadas (< 50 cm) con microfósiles y gasterópodos, incluyendo el gasterópodo gigante *Natica leviathan*. Esta facies es típica de ambiente submareal.

(2) Calizas claras de aspecto tabular, en estratos de entre 30 y 50 cm con algunos foraminíferos miliólidos y texturas fenestrales. Esta facies es interpretada como la correspondiente a un ambiente intermareal.

(3) Calizas grises con laminación criptalgal y fenestras en estratos de < 30 cm con ausencia de microfósiles y cuyo techo presenta huellas de desecación, impresiones de gotas de lluvia y pisadas de reptiles. Estos materiales constituyen el registro de un ambiente supramareal.

(4) Margas y brechas calizas con cantos carbonosos, lignito, estructuras de edafización, algas caráceas y huellas de raices. Estos materiales se formaron en un ambiente palustre próximo a la costa.

La alta subsidencia de este área del Prebético Interno durante el tránsito Jurásico-Cretácico favoreció la repetición de estas secuencias de somerización.

Figura 48. Fotos del afloramiento con huellas de dinosaurio terópodo del Cretácico inferior de la Sierra del Pozo. (A) Grietas de desecación de lo que fue un antiguo barro. (B) Huellas de terópodo sobre una superficie con grietas de desecación (foto del Profesor Dr. Félix Pérez Lorente, Universidad de la Rioja). (C) Detalle de una de las huellas de terópodo con la típica morfología tridáctila incluyendo la huella de las uñas (foto Dr. Félix Pérez Lorente).

La edad concreta de los niveles en los que se han encontrado las pisadas de dinosaurio se ha podido precisar mediante el registro de microfósiles. Así, estos materiales se encuentran por encima de la última aparición del foraminífero *Anchispirocyclina lusitanica*, que desaparece al inicio del Berriasiense, pero antes de la desaparición del alga dasycladácea *Clypeina jurasica*, que desaparece en el Berriasiense medio. Por lo tanto, las huellas corresponden al Berriasiense inferior, como corrobora el registro de algunos ejemplares de calpionellas (*Calpionella alpina*) y el de *Natica leviathan*.

Las pisadas de dinosaurio tienen forma de depresiones poco marcados en el techo de los niveles que presentan grietas de desecación y gotas de lluvia fosilizadas. Es decir, los reptiles habitaban un medio pantanoso por encima de la línea de costa, con alguna vegetación, en condiciones cálidas y húmedas. Han sido localizadas un total de 11 huellas tridáctilas pertenecientes a un dinosaurio bípedo del grupo de los terópodos. Las huellas tienen una longitud variable entre 23 y 31 cm. Las pisadas son más largas que anchas y están constituidas por tres dedos claramente independizados y relativamente largos. Los dedos tienen uñas afiladas y varias almohadillas. Sería, por lo tanto, un dinosaurio carnívoro con una talla media de entre 2 y 4 m de largo. La altura de la extremidad posterior varía entre 1 y 1,5 m. La forma y el tamaño de las huellas se encuentra en el límite entre los terópodos carnosaurios y los coelurosaurios. En cualquier caso, son pisadas dejadas por dinosaurios carnívoros de tamaño medio y bastante ágiles.

Lamentablemente, algunas de estas huellas desaparecieron tras publicarse en 1997 una nota de prensa en el periódico El País hecha por el Museo Nacional de Historia Natural.

Existen yacimientos de huellas de dinosaurio de esta edad en otras áreas de España, como la Cuenca de Cameros (Cordillera Ibérica en las provincias de Logroño, Soria y Burgos) y el Maestrazgo (Cordillera Ibérica, provincias de Teruel y Valencia). El Cretácico continental tiene un buen registro de restos óseos fósiles de vertebrados en la Península Ibérica, incluyendo numerosos yacimientos en Aragón, Cataluña y el levante español. En concreto, el registro fósil de vertebrados entre el Portlandiense y el Barremiense es bastante rico e incluye grandes saurópodos como el *Aragosaurus* (18 m y 15 tn), *Turiasaurus* (30 m y 40 tn) y algunos Braquiosauridos; algunos reptiles acorazados del grupo de los ankylosaurios como *Polacanthus*; Euornitópodos como *Iguanodon* y *Mantellisaurus* y los pequeños bípedos como *Hypsilophodon* y *Echinodon*; y, finalmente, carnívoros terópodos como *Allosaurus*, *Baryonyx*, *Dromeosaurus*, *Pelecanimimus* o *Concavenator*. Además, se han encontrado en esta época restos de "dinosaurios avianos", el grupo de terópodos más evolucionados puesto que prácticamente ya eran aves primitivas, tales como *Iberomesornis*, *Noguerornis*, *Concornis* y *Eoalulavis*. Se trata de terópodos con una cola similar a la de las aves actuales, con dientes en el pico y, en muchos casos, con pequeñas garras en las alas. Además, también se han encontrado en la Península Ibérica numerosos pequeños mamíferos como *Bolodon*, *Crusafontia*, *Galvelodon*, *Kuehneodon*, *Lavocatia*, *Parendotherium* o *Spalacotherium*.

FIGURA 49. Reconstrucción de un coelurosaurio, uno de los autores potenciales de las huellas de la Sierra del Pozo, que vivió durante el Cretácico inferior en Iberia.

Teniendo en cuenta que las huellas encontradas en la Sierra del Pozo corresponden a un terópodo que previsiblemente no superaba los 4 m de largo, según se extrapola a partir del tamaño de las huellas y teniendo en cuenta la fauna fósil encontrada hasta la fecha en la Península Ibérica, el autor de las huellas pudo ser algún tipo de coelurosaurio o dromeosaurio.

5.- MIOCENO SUPERIOR

Carcharocles megalodon persigue a leones marinos hace más de 9 Ma del mismo modo que lo hacen hoy en día los tiburones blancos y las orcas.

5.1.- MARES Y ESTRECHOS ENTRE EL MEDITERRÁNEO Y EL ATLÁNTICO

Durante el Mioceno tuvieron lugar grandes colisiones continentales. El cierre del Tethys por la progresiva aproximación de África y la India a Europa y Asia conllevó la deformación y fracturación mediante grandes pliegues, fallas y cabalgamientos de todos los materiales marinos depositados durante el Mesozoico en el fondo del Tethys. En el sur de Iberia estos materiales se fueron apilando hasta que, finalmente, se elevaron del mar durante la Orogenia Alpina, para formar lo que hoy día conocemos como la Cordillera Bética.

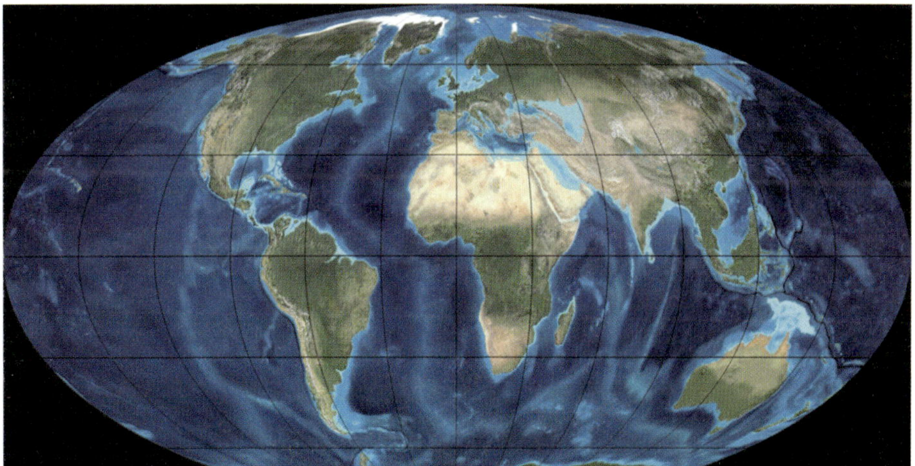

FIGURA 50. Mapa mundial paleogeográfico del Mioceno superior. Modificado de http://ja.ucc.nau.edu/rcb7/mollglobe.html

Tanto la Cordillera Bética, y su prolongación en la Cordillera del Rif (norte de Marruecos) constituyen un arco que separa el Océano Atlántico y el Mar Mediterráneo. Este arco comenzó a elevarse durante el Mioceno medio. Inicialmente, sólo algunos pequeños relieves emergieron de las aguas a modo de pequeñas islas incomunicadas. En el Mioceno superior la emersión de más relieves dio lugar a un mayor tamaño y altitud de estas islas, que llegaron a fusionarse. De este modo, durante el Mioceno superior, el sur de Iberia estaba ocupado por una serie de alineaciones montañosas que emergían en muchos casos a modo de islas entre las cuales quedaban pequeñas cuencas intramontañosas, también denominadas postorogénicas, ocupadas por el mar. Además de estas pequeñas cuencas, existía otra cuenca mayor, la que hoy día conforma la Depresión del Guadalquivir, que constituía la conexión entre el Océano Atlántico y el Mediterráneo (actual residuo del antiguo mar del Tethys).

Por tanto, en el Mioceno, las conexiones entre el Océano Atlántico y el Mar Mediterráneo, fueron reduciéndose progresivamente hasta limitarse a unos pocos estrechos debido a la elevación progresiva de la Cordillera Bética durante la Orogenia Alpina. El estrecho Nordbético, localizado en el Prebético, fue el primero en cerrarse durante el Tortoniense inferior. En el Tortoniense, las conexiones entre el Océano Atlántico y el Mar Mediterráneo fueron a través de la Cuenca del Guadalquivir con la Cuenca de Granada (Estrecho de Zagra) y con la Cuenca de Guadix (Estrecho de Dehesas de Guadix). El último estrecho en desarrollarse fue el del Guadalhorce durante el Messiniense. Estos estrechos tenían unos pocos kilómetros de anchura y profundidades entre pocas decenas de metros y 100 m. Solían estar afectados por fuertes corrientes, como evidencia el registro de enormes dunas submarinas, en buena medida, originadas por la acción de las mareas. El cierre de los estrechos fue produciendo cambios oceanográficos profundos en el Mediterráneo como una mayor restricción y estratificación de sus aguas. De todos modos siguió habiendo conexiones entre el Océano Atlántico y el Mar Mediterráneo siguieron produciéndose a través de estrechos ubicados en la Cordillera del Rif, pero también éstos se fueron progresivamente reduciendo. Esto desencadenó finalmente en la desecación del Mar Mediterráneo, la denominada crisis de salinidad del Messiniense. El Estrecho de Gibraltar, de crucial importancia desde el punto de vista oceanográfico, es relativamente joven ya que se abrió en el Plioceno, lo que permitió la reinundación del Mar Mediterráneo.

La capa de hielo que empezó a formarse durante el Oligoceno, ya cubría la Antártida entera en el Mioceno, lo cual recrudeció el clima que, en general, era mucho más frío y estacional de lo que fue durante el Mesozoico. El área del sur de Iberia se vio afectada por periodos de oscilación climática que variaron entre clima templado y clima calido, relacionados con variaciones del nivel del mar y cambios en la extensión de los hielos polares. Si bien, las particularidades de estas cuencas postorogénicas neógenas, incluida su conexión con el Atlántico o el Mediterráneo, también pudieron afectar a la temperatura de las aguas, la intensidad de las corrientes y la salinidad de las mismas. Estos cambios climáticos se encuentran perfectamente identificados en los cambios en las asociaciones fósiles de medios marinos en el sur de España desde el Tortoniense inferior al Messiniense. Así, las asociaciones de carbonatos templados (asociación foramol) están caracterizadas por bivalvos, equinodermos, serpúlidos, gasterópodos, algas rojas y foraminíferos, mientras que los carbonatos de aguas cálidas (asociación clorozoan) presentaban además corales y algas clorofíceas.

FIGURA 51. Mapa paleogeográfico del Tortoniense superior correspondiente al sur de Iberia. Modificado de Martín y colaboradores (2014).

En este contexto de cuencas postorogénicas, el registro de vertebrados es poco común. Sin embargo, en la provincia de Jaén, concretamente en la Depresión del Guadalquivir, se han encontrado interesantes restos de tiburones, ballenas y leones marinos.

5.2.- *CARCHAROCLES MEGALODON*: EL TIBURÓN MÁS GRANDE DE TODOS LOS TIEMPOS

Del *Carcharocles* (*Carcharodon*) *megalodon*, la especie de tiburón más grande que haya existido, se ha encontrado en las rocas sedimentarias de la Cuenca del Guadalquivir, concretamente en las proximidades de Porcuna, un espectacular diente. Precisamente, el nombre de la especie *megalodon* significa "diente grande", derivado de los términos griegos (mega, grande) y (odon, diente).

En función del tamaño de los dientes del *C. megalodon*, se ha estimado que la longitud que pudieron alcanzar estos tiburones superó los 16 m, más del doble de la longitud del mayor tiburón blanco (*Carcharodon carcharias*) hasta ahora conocido con tan sólo 6,4 m. El diente de *C. megalodon* más grande, hallado hasta la fecha, mide 168 mm (espécimen PF 1168, Field Museum of Natural History of Chicago). El ejemplar más completo es una columna vertebral articulada con alrededor de 150 centros vertebrales procedente del Mioceno de la Cuenca de Antwerp, Bélgica.

Los datos conocidos de *C. megalodon* de la Península Ibérica son relativamente escasos, muchas veces correspondientes a notas de prensa en periódicos, sin una supervision científica. Los trabajos que describen restos de *C. megalodon* en la Península Ibérica son los de Areitio (1877) y Meseguer Pardo (1924) sobre dientes encontrados en diatomitas messinienses de la Cuenca de Lorca (Murcia); Balbino (1995) sobre restos del Mioceno superior de la Cuenca de Alvalade (Portugal); y García y colaboradores (2009) con un diente procedente de la Formación Arenas (Huelva) en el área occidental de la Cuenca del Guadalquivir.

El *Carcharocles megalodon*, llamado también comúnmente megalodonte, fue un tiburón de enormes proporciones que existió entre hace 28 y 2 millones de años (desde finales del Oligoceno hasta principios del Pleistoceno) con una distribución a nivel mundial, exceptuando las aguas frías de latitudes altas. El *Carcharocles megalodon* se conoce casi exclusivamente a partir de dientes fósiles y, en menor proporción, algunas vértebras y esqueletos parciales. *C. megalodon* es considerado como uno de los mayores depredadores que han existido. Tenía la apariencia del gran tiburón blanco actual, *Carcharodon carcharias*, pero con unas dimensiones gigantescas y, probablemente, tuvo una influencia muy importante en la estructura de las comunidades marinas de su época. Por cierto, *C. carcharias* y *C. megalodon* convivieron en la misma época, no siendo *C. carcharias* un descendiente del megalodon, tal y como se cree popularmente.

Como en los demás tiburones, el esqueleto del *Carcharodon megalodon* estaba formado fundamentalmente de cartílago, lo que conlleva una pobre preservación en el registro fósil. Sin embargo, los restos fósiles de *C. megalodon* indican que tenía los centros vertebrales densamente calcificados.

Los rasgos identificativos de los dientes de *C. megalodon* son la forma triangular, la estructura robusta, el gran tamaño, el borde finamente aserrado y el cuello (base de la corona) con una visible forma de letra V. Se conocen fósiles de *C. megalodon* procedentes de diferentes partes del mundo, que incluyen Europa, Norteamérica, Suramérica, Australia, Nueva Zelanda, Japón, África e India.

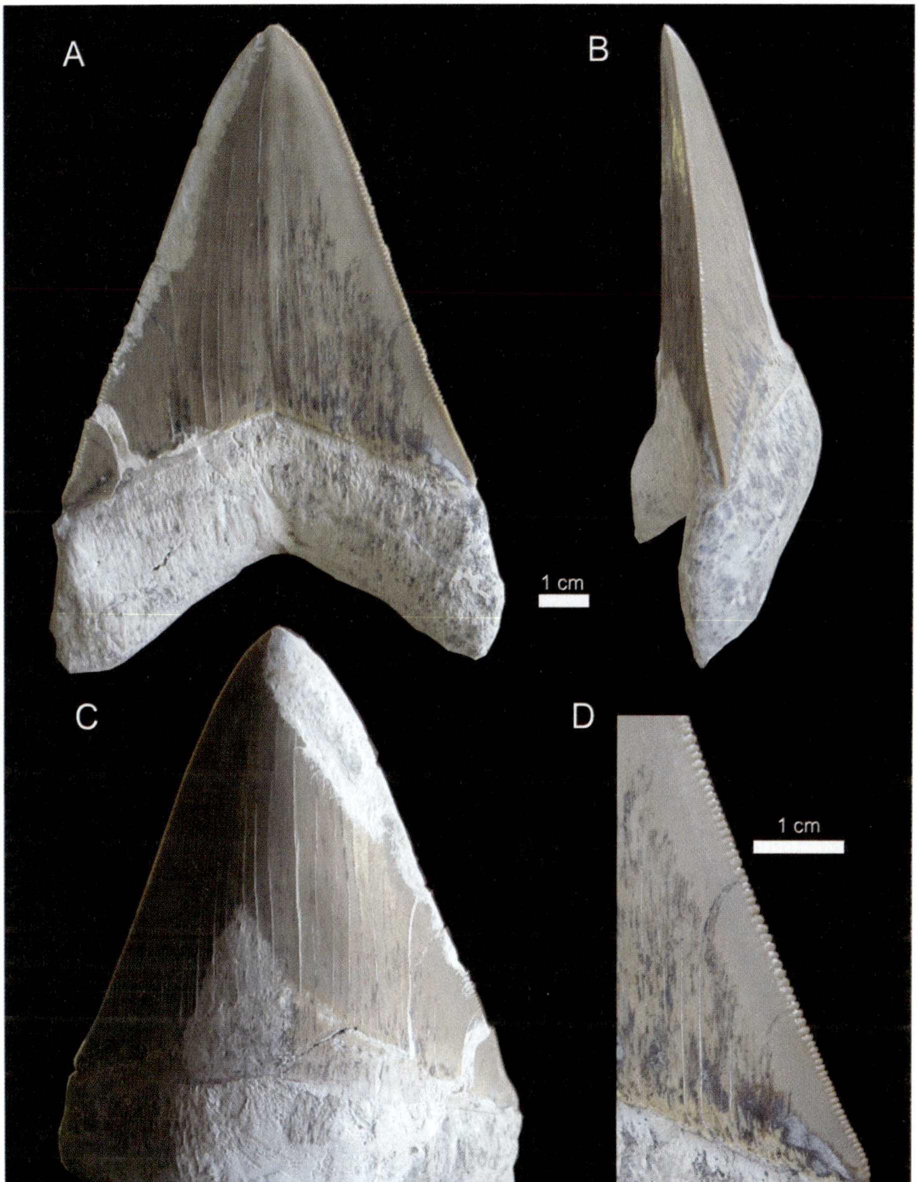

Figura 52. Diente de *Carcharocles* (*Carcharodon*) *megalodon* procedente de las diatomitas de Porcuna: (A) vista labial; (B) vista del borde mesial; (C) vista lingual; (D) detalle del borde mesial aserrado. Figura modificada de Reolid y Molina (2015) publicada en *Estudios Geológicos*.

Entre las especies existentes en la actualidad, se considera que el gran tiburón blanco es la más análoga a *C. megalodon*. La carencia de esqueletos fósiles bien preservados de *C. megalodon* ha forzado a los paleontólogos a basarse en la morfología del gran tiburón blanco para inferir su aspecto y estimar su tamaño.

C. megalodon tenía una dentición muy robusta, con un total de cerca de 276 dientes en sus mandíbulas, distribuidos en 5 hileras. Los paleontólogos sugieren que un *C. megalodon* adulto tendría mandíbulas de cerca de 2 m de anchura. Esta gran mandíbula le permitiría atacar a las grandes ballenas que proliferaron en el mismo periodo de tiempo. Existen evidencias fósiles en restos de ballena que apuntan a que *C. megalodon* era un activo depredador de éstas (ver por ejemplo Esperante y colaboradores, 2009).

Los bordes aserrados de los robustos dientes pudieron haber hecho de ellos unas piezas especialmente eficientes para cortar carne e infligir heridas en los grandes cetáceos que, probablemente, fueron su presa. Si se comparan estos dientes con los dientes del tiburón blanco actual, los de *C. megalodon* tienen un grosor excepcional y unas raíces considerablemente mayores, lo que les conferiría una gran resistencia a la rotura a la hora de sujetar grandes presas.

Los tiburones, especialmente las especies grandes, son organismos altamente móviles, con un complejo ciclo vital y una amplia distribución geográfica. Antes de la formación del Istmo de Panamá, los mares eran relativamente cálidos, lo que facilitó que esta especie pudiera vivir en todos los océanos del mundo, ya que tenía la suficiente flexibilidad de comportamiento para habitar un amplio rango de ecosistemas marinos.

Yacimiento

El diente de tiburón encontrado en la provincia jiennense fue hallado en las margas diatomíticas de la antigua Cantera de San Félix, localizada a 2 km al sur de Porcuna. Estas margas diatomíticas tienen un color entre blanco y amarillento, en ocasiones laminadas, y alternan con margas grises sin un patrón de estratificación visible. Estos depósitos corresponden a la parte más alta de la Formación Valenzuela, cuya edad varía entre el Aquitaniense y el Tortoniense, y cuyo estratotipo fue definido precisamente en esta cantera de San Félix. Las margas contienen abundantes restos de diatomeas, espículas de esponjas, silicoflagelados y radiolarios. La asociación de foraminíferos planctónicos de los materiales en los que apareció el diente de *C. megalodon*, con *Globorotalia menardii*, *Globigerina globorotaloidea*, *Globigerina nepenthes* y *Globigerinoides obliquus*, permite determinar la biozona N16 de foraminíferos planctónicos, que corresponde a la parte intermedia del Tortoniense (aproximadamente hace 9 millones de años). Los componentes principales de la asociación de microfósiles son las diatomeas planctónicas (*Thalassionema*, *Thalassiotrix*, *Thalassiosira*) junto con escasas diatomeas bentónicas (*Delphineis*), que constituyen una asociación típica de aguas oceánicas frías que ascienden por *upwelling* (fenómeno por el que aguas frías profundas y ricas en nutrientes ascienden).

En esta área del Estrecho Nordbético, la cual conectaba el Océano Atlántico con el Paleo-Mediterráneo, se depositaron altas concentraciones de diatomeas por ser un área con una dinámica oceanográfica especial. La interacción de las aguas frías y ricas en nutrientes del Atlántico con las cálidas aguas y singular topografía de golfos y bahías, así como la menor profundidad del Estrecho Nordbético, causó *upwelling* y una alta productividad de organismos, traducida en grandes acumulaciones de plancton y sílice biogénica.

El diente de Porcuna

El diente, procedente de las diatomitas del sector oriental de la Cuenca del Guadalquivir, está en la actualidad expuesto en el Museo Obulco en Porcuna. A continuación, se va a describir el diente de acuerdo con las características y medidas habituales que emplean los investigadores de *C. megalodon* y *C. carcharias*.

Los principales rasgos empleados en el estudio de dientes de tiburón y en la estimación de la longitud total del ejemplar son la altura y la anchura de la corona. La altura de la corona o altura del diente es la longitud de una línea recta que una en vertical el límite inferior del esmalte adyacente a la raíz en la base de la corona y el ápice del diente. La anchura del diente se mide en la parte más ancha del esmalte en la base de la corona.

El actual tiburón blanco, *Carcharodon carcharias*, es el pariente más cercano de *C. megalodon* y, por esta razón, numerosos investigadores han usado el material esqueletal de *C. carcharias* como base para establecer comparaciones con *C. megalodon* e inferir su modo de vida. Para realizar un cálculo aproximado de la longitud del ejemplar del que procede el diente hallado en Porcuna, hemos tenido en cuenta tanto la altura como la anchura de la corona de los dientes superiores anteriores de 85 especímenes de *C. carcharias* y 17 de *C. megalodon* obtenidos de diferentes fuentes bibliográficas y recopilados por Reolid y Molina (2015).

El diente de Porcuna presenta los rasgos diagnósticos de *C. megalodon* tales como su gran tamaño, su forma triangular, sus bordes afilados finamente serrados, una cara lingual convexa, una cara labial plana y un cuello de gran tamaño en forma de V. Los dos lóbulos de la raíz están bien diferenciados y son redondeados en su borde basal. La altura de la corona es de 92 mm y la anchura de 81 mm. La altura total del diente medida perpendicularmente desde el ápice hasta la línea base de la raíz es de 124 mm.

El diente es prácticamente simétrico y casi perpendicular a la mandíbula, con un ángulo de inclinación del eje de sólo 2,1º. Por esta razón, las longitudes de ambos bordes son ligeramente distintas (borde mesial de la corona 102 mm, borde distal de la corona 95 mm). En los tiburones, el tamaño de los dientes varía dependiendo de su posición en la mandíbula, siendo los dientes más grandes y simétricos los situados en la parte anterior, mientras que los más pequeños y asimétricos son los dientes posteriores. Teniendo en cuenta la simetría y el tamaño del diente de Porcuna, este diente corresponde a un diente superior anterior, un A2 o A3, según la nomenclatura de Hubbell (1996).

El borde cortante presenta un total de 135 cúspides en el borde mesial de la corona, y 126 cúspides en el borde distal. Hay aproximadamente 13 cúspides por centímetro como valor promedio, siendo más pequeñas y densas hacia la raíz y hacia el ápice de la corona. Estas cúspides están orientadas perpendicularmente respecto al borde de la corona.

Estimación del tamaño de C. megalodon

Debido al hecho de que el esqueleto cartilaginoso de los condrícties se preserva solo en raras ocasiones, la ausencia de especímenes fósiles completos ha dado lugar a numerosas discusiones en la comunidad científica acerca de la clasificación taxonómica. La asignación taxonómica de la especie *megalodon* ha conllevado un largo debate en el que hay dos interpretaciones principales en relación con el género y familia al que pertenece: A) género *Carcharocles*, Familia Otodontidae y B) género *Carcharodon*, Familia Lamnidae. En la segunda de las opciones, el megalodon es interpretado como congénere del actual tiburón blanco *Carcharodon carcharias*.

En esta obra se sigue la primera hipótesis, donde *megalodon* es separado del género *Carcharodon* en función de las características dentales tales como su gran tamaño, la ausencia de dentículos laterales, la presencia de bordes finamente serrados, en oposición al menor tamaño, la presencia de dentículos laterales y bordes groseramente serrados de *C. carcharias*. No obstante, *Carcharocles* y *Carcharodon* están incluidos en el Orden Lamniformes y, en ausencia de miembros vivos de la Familia Otodontidae, *Carcharodon carcharias* es la especie, de entre los posibles, más análoga.

No en vano, entre las diferentes medidas tomadas sobre los dientes de *C. carcharias*, la altura del diente anterior superior A2 es la que presenta una mayor correlación con la longitud total del espécimen (el coeficiente de correlación de la altura de la corona con la longitud del ejemplar es *r*= 0,92, y para al anchura de la corona es *r*= 0,53). Además, la correlación entre la altura y la anchura de la corona es extremadamente buena en *C. megalodon* (*r*=0,94), mejor que en *C. carcharias* (*r*=0,83). Por esta razón, para la estimación del tamaño de *C. megalodon* se tiene en cuenta la especie actual más análoga que es *C. carcharias.*

El diente de *C. megalodon* más grande conocido hasta ahora es un diente superior anterior que se encuentra en el Field Museum of Natural History de Chicago (espécimen PF 1168), que mide 168 mm de altura total y 125 mm de anchura total. El segundo diente más grande conocido es un A2 (diente 2º superior lateral) que se expone en el British Museum of Natural History (espécimen P10725), con 154 mm de altura total y 134 mm de anchura total.

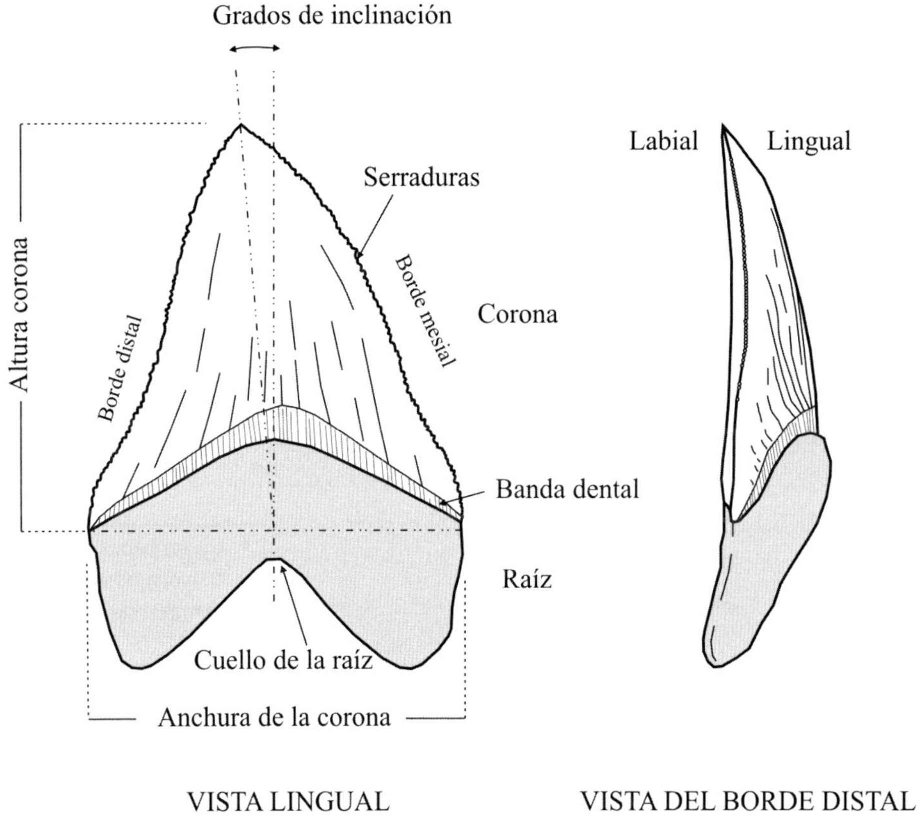

Figura 53. Elementos del diente de tiburón utilizados en la descripción y empleados tradicionalmente para la comparación, medida y estudio.

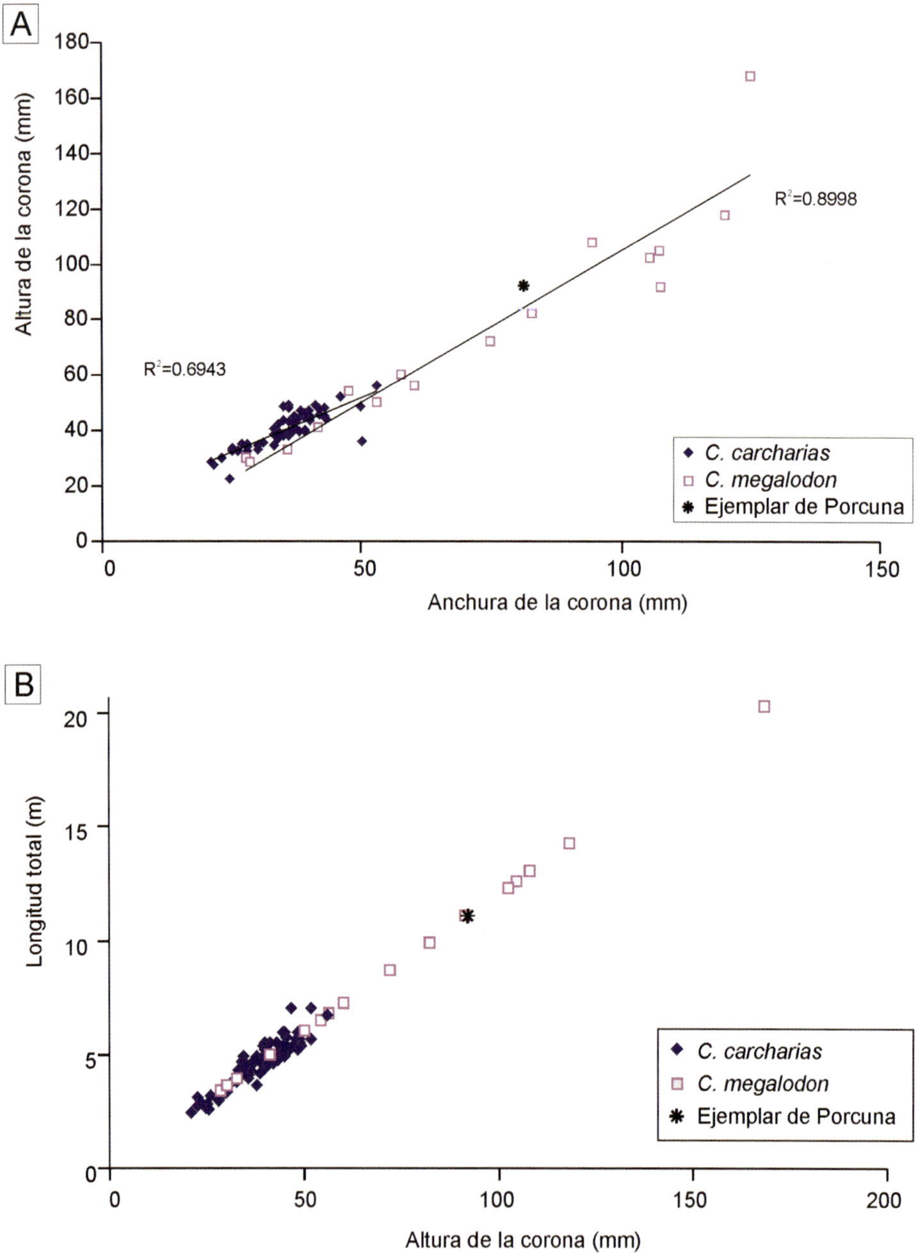

Figura 54. Gráficos en los que se comparan medidas correspondientes a 17 ejemplares de *Carcharocles megalodon* y 85 ejemplares de *Carcharodon carcharias* (tiburón blanco). (A) Comparación de la anchura de la corona y la altura de la corona en los segundos dientes superiores anteriores A2. (B) Relación lineal entre la altura de la corona del segundo diente superior anterior A2 y la longitud total del tiburón. Nota: En el caso de los tiburones blancos, la longitud fue medida directamente en el espécimen y en el caso de la longitud total de *C. megalodon* ésta ha sido calculada de acuerdo con la ecuación de regresión de Shimada (2002).

Applegate y Espinosa-Arrubarrena (1996) estimaron una longitud de 12 m para el ejemplar del que procede el diente del Field Museum of Natural History (Chicago). Esta estimación se basó en la comparación con los dientes superiores anteriores de *C. carcharias*, de los que se conoce la longitud del ejemplar. La dentición de *C. megalodon* es aparentemente similar en morfología y número de hileras de dientes a la de *C. carcharias*, aunque las mandíbulas de *C. megalodon* debieron de ser bastante más robustas, grandes y gruesas, teniendo además que ser soportadas por músculos más masivos que los de *C. carcharias*. En correspondencia con una mandíbula masiva con grandes dientes, la cabeza habría sido igualmente masiva acompañada de una amplia región braquial para la respiración. En este contexto, es de esperar que tuviera un gran estómago e intestino, necesarios para procesar grandes presas, lo que significa que *C. megalodon* tendría una morfología general similar a la de *C. carcharias*, pero mucho más robusta.

Algunos investigadores han asumido que la relación entre el tamaño del diente anterior superior A2 y el tamaño total del ejemplar en el caso de *C. megalodon*, sería similar a la del tiburón blanco y que a un mayor tamaño del diente, correspondería una mayor longitud total del tiburón. El diente superior A2 en los tiburones blancos actuales *C. carcharias* varía entre 56-63 mm de altura y 40-50 mm de anchura para las hembras adultas con una longitud total de entre 4,9-6,0 m. Un método simple para obtener la longitud relativa del ejemplar de *C. megalodon* de las radiolaritas de Porcuna con respecto al tiburón blanco consiste en determinar la proporción de tamaños entre los dientes de *C. carcharias* y *C. megalodon* por medio de una simple regla de tres. En el caso de *C. carcharias* el tamaño medio del diente anterior superior A2 es 59,2 mm, correspondiente a una longitud total media de 5,5 m. Teniendo en cuenta que la altura de la corona del diente de Porcuna es 92,2 mm:

$$5{,}5 \text{ m} \times 92{,}2 \text{ mm}/59{,}2 \text{ mm} = 8{,}566 \text{ m}$$

Así, de acuerdo con este método, el diente encontrado en Porcuna correspondería a un ejemplar que midió alrededor de 8,5 m de longitud.

Sin embargo, usando la altura del diente anterior superior A2 de 85 ejemplares de *C. carcharias*, Reolid y Molina (2015) realizaron una regresión lineal de mínimos cuadrados en la que:

$$\text{Longitud total (m)} = a + b \text{ (altura diente A2 (mm))}$$

donde a y b fueron -0,001 y 0,119 respectivamente (r^2 = 0,85; Fig.). Usando 92,2 mm como la altura de la corona del diente A2 de *C. megalodon* de Porcuna, obtuvieron -0,001+0,119(92,2 mm)= 10,97 m.

Shimada (2002) propone realizar una regresión lineal de mínimos cuadrados basada en la relación entre la altura de la corona y la longitud total del tiburón blanco *C. carcharias*, pero teniendo en cuenta todas las posiciones dentales. Esta relación es calculada como:

$$\text{Longitud total (cm)} = a + b(\text{altura de la corona (mm)})$$

siendo a una constante y b la pendiente de la línea de regresión. Shimada (2002) propone a y b como valores para predecir la longitud total a partir de cualquier diente de *C. carcharias*. Reolid y Molina (2015) aplicaron el método de Shimada, teniendo en cuenta que el diente de *C. megalodon* de Porcuna (92,2 mm) es un diente anterior superior A2, y las constantes de Shimada serían a = -2,160 y b=12,103:

$$\text{Longitud total} = -2{,}160+12{,}103(92{,}2\text{ mm}) = 1113\text{ cm}$$

De este modo, se puede afirmar que el diente encontrado en las radiolaritas de Porcuna correspondió a un adulto de aproximadamente 11 m de longitud, que se encuentra en el rango de especímenes de *C. megalodon* de gran tamaño.

De acuerdo con el método de Shimada (2002), el diente más grande de *C. megalodon*, un delantero superior A2 del Field Museum of Natural History de Chicago (espécimen PF 1168), que presenta una altura de la corona de 168 mm, habría correspondido a un tiburón de 20,31 m de longitud. El diente segundo posterior lateral que se encuentra en el British Museum of Natural History (espécimen P10725), con una altura de la corona de 154 mm, correspondería a un ejemplar de 20,73 m de longitud.

Paleoecología

La estructura y tamaño del diente sugiere que *C. megalodon* inicia su desarrollo como un piscívoro y, posteriormente, pasa a tener una alimentación basada en mamíferos marinos. La distribución casi global de *C. megalodon* en los mares del Mioceno al Plioceno, sobre todo en depósitos de plataforma y áreas someras costeras en latitudes cálidas, indica unos requerimientos ambientales próximos a los que presenta hoy en día el tiburón blanco *C. carcharias*. Estos ambientes son áreas de plataforma ricas en nutrientes, donde los grandes mamíferos marinos son relativamente abundantes. Se han encontrado marcas de mordedura de *C. megalodon* en restos fósiles de cetáceos que indican que tanto ballenas como delfines fueron presas habituales. En el Plioceno inferior de la Formación Pisco, en Perú, se han hallado restos fósiles de ballenas misticetas con marcas hechas por ataques de *C. megalodon*, incluyendo una mandíbula con un fragmento de diente de *C. megalodon* incrustado (Ehret y colaboradores, 2009). Muchos huesos de ballenas se han encontrado con grandes marcas de mordedura (cortes profundos) hechos por dientes que encajan con los de *C. megalodon* y varias excavaciones han revelado que los dientes de *C. megalodon* yacen cerca de restos masticados de ballenas y, a veces, en directa asociación con ellos. También hay evidencias fósiles de interacciones entre *C. megalodon* y pinnípedos.

FIGURA 55. Reconstrucción de *Carcharocles megalodon* junto con ejemplares de *Isurus* (marrajos), también encontrados en el relleno de la Cuenca del Guadalquivir en materiales del Tortoniense superior.

En el caso de la Cuenca del Guadalquivir y, concretamente en el sector entre Porcuna y Bailén, se han hallado numerosos restos fósiles de grandes vertebrados marinos, incluyendo tiburones del género *Isurus*, pinnípedos indeterminados y ballenas misticetas, las cuales pudieron ser presas potenciales de *C. megalodon*. La paleogeografía de esta cuenca, como una rama del Atlántico en conexión con el Mar Mediterráneo, probablemente favoreció la emboscada de las presas por parte de *C. megalodon*.

5.3.- *ISURUS*

También se han encontrado en la Cuenca del Guadalquivir dientes de otros tiburones pertenecientes al género *Isurus*, de menor tamaño y de la misma época que el *Carcharocles megalodon*. Estos tiburones, que existen aún en la actualidad, son los denominados popularmente marrajos, que pueden llegar a medir entre 4 y 4,5 m de longitud, alcanzando aproximadamente 750 kg de peso.

FIGURA 56. Dientes de *Isurus* hallados en los sedimentos del Tortoniense superior de la Cuenca del Guadalquivir, en las cercanías de Villanueva de la Reina.

Los dientes de *Isurus* están representados por dos especímenes con alturas de la corona de 19 y 26 mm, no aserrados, ligeramente asimétricos y con raíces bien preservadas en forma de U. Estos dientes se han encontrado en un afloramiento rico en restos de mamíferos marinos localizado en las proximidades de Villanueva de la Reina y que se describirá a continuación. Otros dientes, aunque muy mal conservados, aparecieron en el mismo afloramiento que el diente de *Carcharocles megalodon*, en Porcuna.

5.4.- CETÁCEOS

Los restos fósiles de mamífero de los que hay constancia en Jaén son escasos y corresponden a mamíferos marinos. Destaca sobre todo el registro de huesos de ballena, fundamentalmente vértebras en las calcarenitas del Tortoniense (Mioceno superior) de Porcuna y de Bailén (Cantera del Portichuelo). No obstante, la conservación de este material no permite precisar el género y la especie o especies a los que pertenecen los restos.

FIGURA 57. Restos de cetáceo encontrados cerca de Villanueva de la Reina en diferentes niveles estratigráficos y, en todos los casos, correspondientes a cetáceos de pequeño tamaño. (A) Fragmento de cráneo de ballena misticeta, posiblemente del género *Cephalotropis*, con el paladar hacia arriba y en el que se observa, en primer plano, un fragmento alargado de la mandíbula. (B) Fragmento de húmero. (C) Fragmento de costilla de un cetáceo de pequeño tamaño.

El afloramiento más rico en restos fósiles de mamíferos marinos y concretamente de cetáceos es el de Arroyo Escobar, al norte de Villanueva de la Reina. Este afloramiento tiene 22 m de espesor y se localiza en el margen norte de la Cuenca del Guadalquivir. Estos depósitos corresponden a la denominada tercera secuencia deposicional del relleno de esta cuenca, con una edad entre Tortoniense superior y Messiniense.

La sucesión de materiales está principalmente compuesta de arenas finas con abundantes bioturbaciones y restos de macroinvertebrados fósiles. La ausencia de estructuras sedimentarias indica poca intensidad de las corrientes. Se reconocen dos tipos principales de materiales que aparecen en alternancia:

1.- Arenas finas cuarcíticas: Son unas arenas bien seleccionadas en bancos con un espesor variable entre 1,5 y 4,0 m. Las trazas fósiles son comunes y, localmente, muy abundantes. Los restos de bivalvos de concha fina son predominantes entre los macroinvertebrados. También aparecen restos de carbón.

2.- Arenas gruesas cementadas ricas en bioclastos: Corresponden a arenas pobremente seleccionadas, ricas en bioclastos, fundamentalmente bivalvos, con frecuentes cantos conglomeráticos y fragmentos fósiles de vertebrados. Estos materiales se disponen en capas de entre 15 y 30 cm. Presentan una secuencia grano-decreciente con cantos conglomeráticos, grandes conchas y arenas gruesas en la base que pasan hacia la parte superior de la capa a arenas medias y, localmente, finas. También en estos materiales aparecen restos vegetales carbonosos.

En las arenas finas cuarcíticas han aparecido numerosas trazas fósiles, es decir, restos de la actividad de los organismos en el sedimento del fondo marino, presentando además una gran diversidad. El icnogénero más común es *Ophiomorpha*, seguido de *Gyrolites*, *Rosselia*, *Diplocraterion*, *Skolithos* y algún *Asterosoma*. Además, se han encontrado perforaciones del icnogénero *Gastrochaenolites* sobre grandes conchas de ostreidos.

Las conchas de macroinvertebrados son muy abundantes, sobre todo las correspondientes a bivalvos de los géneros *Amussium*, *Aequipecten*, *Chlamys*, *Mya*, *Ostrea*, *Pecten*, *Tellina* y algunos ejemplares de la Familia Cardiidae. Entre los bivalvos dominan aquellos de concha fina, aunque localmente hay acumulaciones de *Ostrea* en los bancos de arenas finas cuarcíticas. En estos mismos materiales también aparecen algunos ejemplares espectaculares de erizos *Clipeaster*.

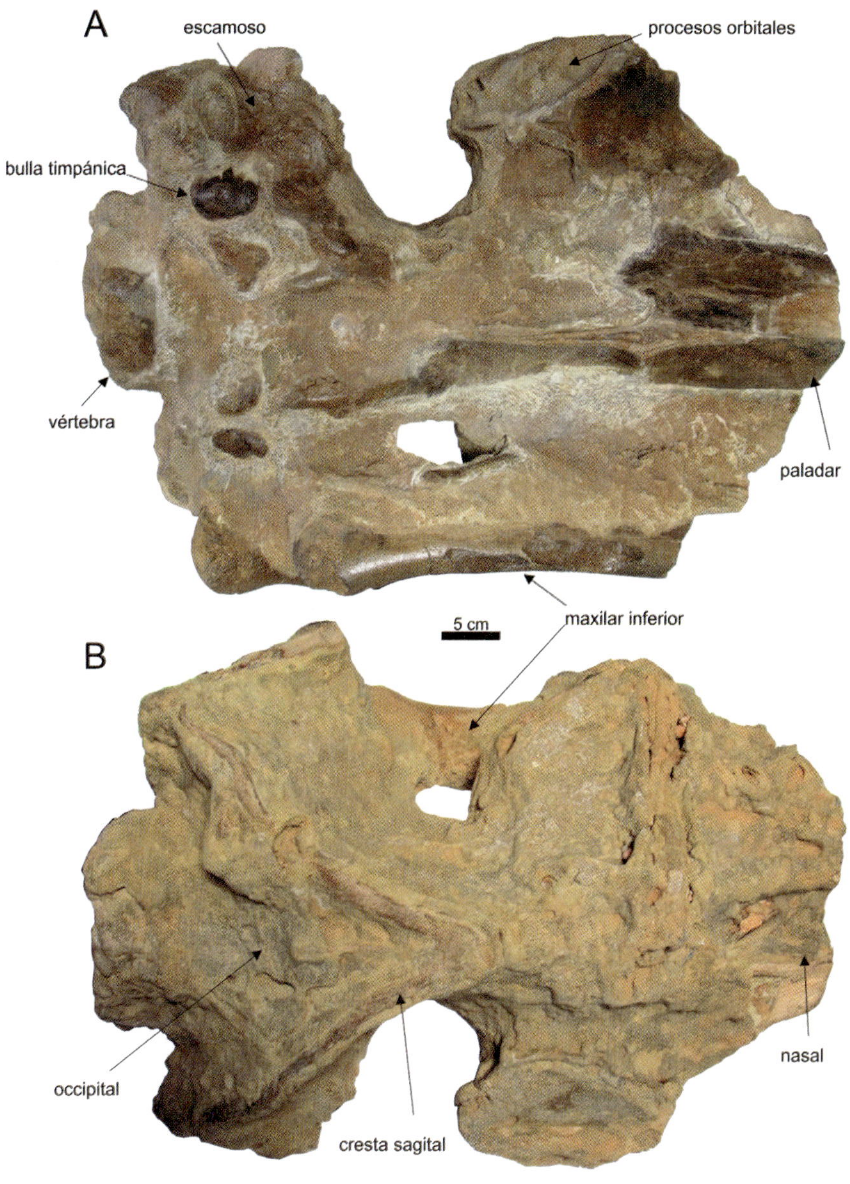

FIGURA 58. Cráneo de ballena misticeta del Tortoniense superior de la Cuenca del Guadalquivir (proximidades de Villanueva de la Reina) posiblemente correspondiente al género *Cephalotropis*. (A) Vista de la parte inferior, donde se observa el paladar, las bullas timpánicas y el maxilar inferior izquierdo. El extremo más distal del paladar y el nasal presentan la típica fractura de los cráneos de cetáceo. (B) Vista de la parte superior del cráneo donde sobresale la cresta sagital.

La composición de la asociación de macroinvertebrados cambia en las arenas gruesas cementadas ricas en bioclastos, con una mayor cantidad de gasterópodos de los géneros *Conus*, *Littorina, Turricula* y *Turritella*. Los bivalvos de estos materiales son *Aequipecten*, *Amussium*, *Barbatia*, *Callista*, *Chlamys*, *Crassostrea*, *Glycymeris*, *Ostrea* y *Pecten*. El escafópodo *Dentalium* aparece de forma anecdótica tal y como ocurre con restos retrabajados procedentes de ambientes menos profundos como es el caso de *Balanus,* rodolitos de algas rojas y corales (*Tarbellastraea*).

Este afloramiento es relativamente rico en restos fósiles de vertebrados incluyendo tiburones (*Isurus*), pinnípedos y cetáceos.

Los restos fósiles de cetáceo de la sección de Arroyo Escobar son un húmero incompleto de 18,5 cm de longitud, un fragmento de costilla de 41,6 cm de longitud y 6,5 cm de diámetro máximo y un cráneo incompleto con la última vértebra cervical. Todos estos restos proceden de diferentes niveles estratigráficos, por lo que evidentemente corresponden a diferentes especímenes. Además se han encontrado en febrero de 2015 un conjunto de restos compuesto por 16 costillas parcialmente fragmentadas, con un tamaño máximo que llega a los 47 cm y un diámetro máximo de 4,5 cm. Este conjunto de costillas está siendo actualmente estudiado y aún es pronto para afirmar que pertenezcan a cetáceos.

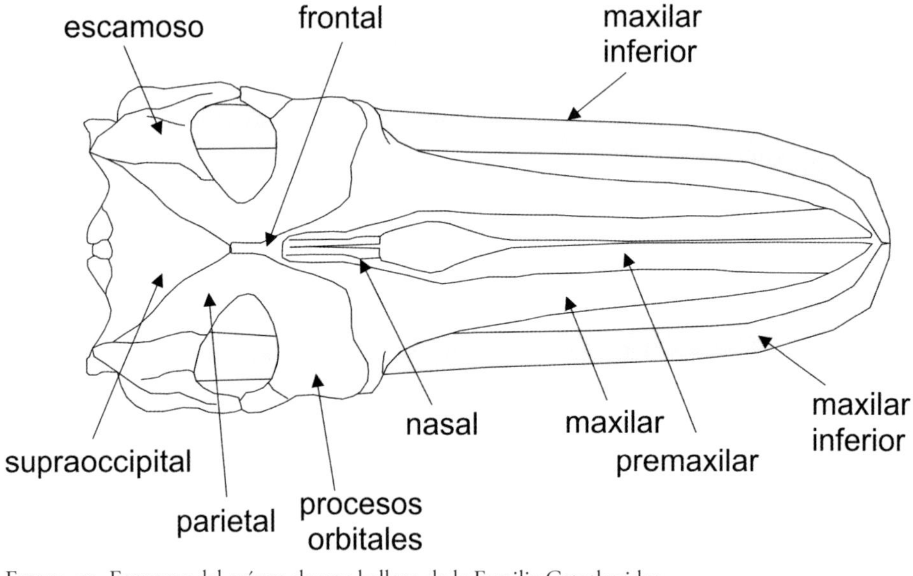

FIGURA 59. Esquema del cráneo de una ballena de la Familia Cetotheridae.

En cuanto a los restos craneales tienen una longitud de 55,5 cm, 47,4 cm de anchura y 21,2 cm de altura. Es un cráneo incompleto, fragmentado en su parte más distal (delantera) del premaxilar y el maxilar. Además, preserva aún un fragmento de la mandíbula izquierda, de 42 cm de longitud y que no muestra evidencias de dentición. Sin tener en cuenta el rostro, el cráneo tiene una forma cuadrangular en vista dorsal. El rostro presenta una abertura temporal suboval y un amplio supraoccipital subtriangular. La cresta sagital está bien desarrollada. La sutura maxilar tiene una forma poligonal y el nasal está bien desarrollado. La ámpula timpánica está constituida por un lóbulo posterior relativamente largo con un claro proceso sigmoidal y una fisura bien desarrollados, un proceso cónico corto y un lóbulo anterior corto.

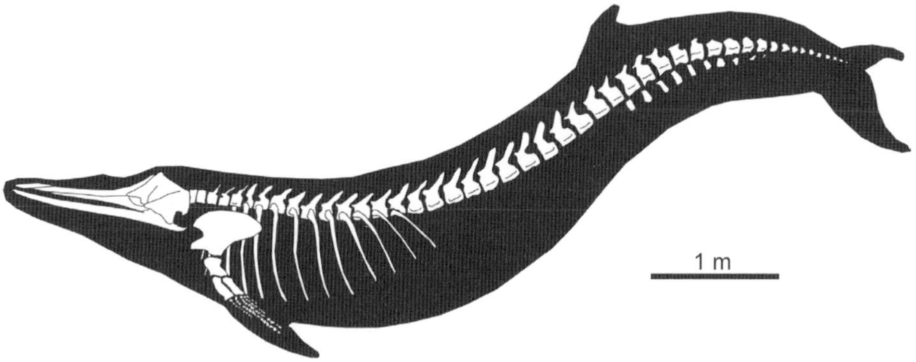

FIGURA 60. Reconstrucción del esqueleto de una ballena de la Familia Cetotheridae a la que pertenece el género *Cephalotropis*.

El cráneo correspondería a un misticeto de acuerdo con la forma y tamaño de los huesos craneales, así como la presumible ausencia de dientes en la mandíbula (característica propia de los odontocetos). Sin embargo, la identificación del género es complicada ya que las mandíbulas están incompletas y no aparecen restos correspondientes al esqueleto apendicular. No obstante, el material es muy similar a los restos craneales de *Cephalotropis* que se conservan en el Museu Nacional de História Natural de la Universidade de Lisboa. Los ejemplares portugueses también corresponden al Tortoniense, y proceden de la localidad de Adiça (Sesimbra). El género *Cephalotropis*, perteneciente a la Familia de Cetotheridae, fue descrito por primera vez por Cope (1896) a partir de un cráneo fósil bastante incompleto del Mioceno de la Formación Yorktown en la región de Chesapeake (EEUU). Cope estableció, como principales características del género, la presencia de nasales elongados bien diferenciados, frontales presentando ángulos temporales divergentes, presencia de crestas temporales marcadas, presencia de cresta sagital, separación considerable entre el supraoccipital y los frontales, y amplia superposición de los frontales por parte de los huesos del rostro. Estas características aparecen tanto en el cráneo portugués como en el jiennense, con la misma curiosa fractura que afecta al maxilar y al premaxilar. Sin embargo, el ejemplar de Jaén, de corresponder muy probablemente al género *Cephalotropis*, sería el resto más completo que se conoce hasta ahora a nivel mundial de este género, ya que presenta muy bien conservada la parte inferior incluidas las ámpulas timpánicas, parte de la mandíbula izquierda y la última vértebra cervical.

Una reconstrucción del cráneo, teniendo en cuenta las partes no preservadas, permite aproximar una longitud del cráneo de alrededor de 117 cm, y de la ballena completa, de alrededor de 7,5 m. La familia Cetotheridae vivió entre el Oligoceno tardío y el Pleistoceno temprano.

FIGURA 61. Recreación de *Cephalotropis* junto a algunos ejemplares de *Isurus*.

Otros restos de cetáceos han sido encontrados en otras cuencas Neógenas del sur de la Península Ibérica. Éstos son el sector occidental de la Cuenca del Guadalquivir, la Cuenca del Bajo Segura (Alicante y Murcia), la Cuenca de Vera (Almería) y la Cuenca de Almería-Níjar. En la Cuenca del Guadalquivir se han encontrado restos de cetáceo en el Tortoniense de Burguillos y Villanueva del Río y Minas (Sevilla) y en el Plioceno de las localidades de Lepe y Cabezo de la Joya (Huelva). En la Cuenca del Bajo Segura se han encontrado cetáceos y sirénidos en el Plioceno de Pilar de la Horadada (Alicante). En la provincia de Almería se han encontrado hasta ahora restos de cetáceos y sirénidos en el Plioceno de Cuevas de Almanzora y Vera, y sólo restos de cetáceos en la Rambla de la Sepultura cerca de Alquián.

5.5.- PINNÍPEDOS

Se han hallado algunos restos aislados, correspondientes a fragmentos de vértebras que pertenecen a pinnípedos indeterminados. Estos restos están pobremente preservados, por lo que es difícil hacer más precisiones. Se han encontrado a lo largo de la Depresión de Guadalquivir, muchos de ellos en el término municipal de Porcuna, en el mismo yacimiento en el que apareció el diente de *Carcharocles megalodon*.

Sin embargo, los mejores restos se han hallado en el mismo afloramiento que el cráneo de ballena, en la sección de Arroyo Escobar, al norte de la localidad de Villanueva de la Reina. Los restos más relevantes están constituidos por parte de una caja torácica que se encuentra articulada. Este fragmento de caja torácica presenta una longitud de 45 cm y está compuesto por siete vértebras torácicas articuladas especialmente gruesas, y sus correspondientes costillas caracterizadas por presentar una doble articulación, que conecta con sus respectivas costillas vía capítulo y tubérculo. Algunas de las costillas del lado derecho están casi completas, aunque desplazadas debajo de las vértebras debido a la posición de enterramiento y al peso del sedimento tras el enterramiento. Las costillas del margen izquierdo están fragmentadas en su parte más proximal y de ellas sólo se preserva la cabeza en el contacto con las vértebras.

Las vértebras están imbricadas y presentan una anchura máxima de 18 cm, con unos procesos transversales largos (entre 5 y 7 cm) y un enorme centro vertebral (entre 8,5 y 9 cm) que deja un amplio arco neural. Los procesos transversales son casi tan anchos como largos, una característica típica de la Familia Otaridae (que incluye a los lobos marinos, osos marinos y leones marinos). Sin embargo, la espina neural, que no está completa en ninguna de las vértebras preservadas, aparenta ser corta como en el caso de la Familia Focidae (que incluye a todas las focas). Por lo tanto, con los restos encontrados hasta ahora, es difícil saber de qué pinnípedo se trata.

Figura 62. Restos fósiles de la caja torácica de un Otárido pariente de los actuales leones marinos y osos marinos. (A) Vista dorsal de las vértebras. (B) Vista lateral de las vértebras y las costillas desarticuladas y desplazadas hacia el vientre. (C) Vista ventral en la que las costillas están parcialmente cubiertas por las costillas del lado derecho.

Tanto los restos de cetáceo como los de pinnípedo y los pequeños marrajos (*Isurus*) que aparecen en la sección de Arroyo Escobar, se encuentran en una asociación de facies sedimentarias característica de ambientes próximos a la costa con alto contenido en terrígenos (arenas y conglomerados). Estos materiales provienen de la erosión de los relieves que limitan el norte de la Cuenca del Guadalquivir como son el Triásico de la Cobertera Tabular y la Cuarcita Armoricana del Ordovícico del Macizo Ibérico.

El tamaño de grano y la buena selección del mismo, junto con la preservación de bivalvos de concha fina y la ausencia de estructuras sedimentarias en las arenas finas cuarcíticas indican una posición distal dentro de un sistema clástico de depósito, probablemente un abanico deltaico.

Las capas de arenas gruesas cementadas ricas en bioclastos que aparecen intercalas entre las arenas finas cuarcíticas representan el depósito relacionado con la actividad de tormentas con tamaño de grano más grueso y la presencia de restos fósiles transportados desde ambientes menos profundos. Este contexto es congruente con un ambiente de prodelta (parte más profunda de un delta). Estos depósitos corresponden a facies distales de abanicos deltaicos relacionados con el margen norte de la Cuenca del Guadalquivir. Los restos de vertebrados se acumularon en el frente deltaico, donde tuvieron un enterramiento relativamente rápido que favoreció su fosilización. La ausencia de restos completos está muy probablemente relacionada con la actividad carroñera, entre otros de tiburones como *Isurus* o *Carcharocles megalodon*.

6.- EPÍLOGO

El Patrimonio Paleontológico de Andalucía y, concretamente, de la provincia de Jaén, es tremendamente rico y diverso. Sobre todo, en lo referente a fósiles de invertebrados, existen numerosas publicaciones científicas e incluso algunas divulgativas. Sin embargo, dentro de nuestro Patrimonio Paleontológico, resultan especialmente escasos los restos fósiles de vertebrados, aquellos de los que ha tratado este libro. Estos vertebrados pretéritos incluyen, entre otros, reptiles marinos tan terribles como los notosaurios, el *Steneosaurus* o el *Tanystropheus*, o tiburones como el *Hybodus* y el *Carcharocles megalodon*, que debieron ser los grandes depredadores de los antiguos mares. De otros, los que vivían en áreas emergidas, no nos han quedado sus restos fosilizados, pero sí sus huellas en el sedimento que luego pasaría a ser roca, como es el caso de las huellas de arcosaurio, las del posible dinosaurio nadador del Periodo Triásico o las de los dinosaurios terópodos del Cretácico de la Sierra del Pozo.

Aún siendo escasos los restos de vertebrados, son cada día más numerosos los hallazgos, muchos de ellos tan recientes como el de la tortuga *Hispaniachelys prebetica*, que además tiene el interés de ser la tortuga más antigua de la Península Ibérica. Este hallazgo pone de relieve que, aunque no sean muy abundantes, sí que son algunos de ellos muy interesantes desde el punto de vista científico. Otro caso de gran interés es el de los restos de notosaurios y placodontos del Triásico de la Cobertera Tabular, que presentan la particularidad de estar asociados a un evento de inundación relacionado, muy probablemente, con un tsunami que ocurrió aproximadamente hace 230 millones de años. Como muestra de la importancia de los restos fósiles de vertebrados desde el punto de vista del Patrimonio Paleontológico, en la provincia de Jaén se ha encontrado uno de los pocos dientes de *Carcharocles megalodon* que se conocen hasta ahora en la Península Ibérica, siendo, además, el único que se ha estudiado en detalle hasta la fecha, lo que ha permitido hacer una estimación del tamaño que tenía el ejemplar al que perteneció.

Como se ha mostrado en esta obra, algunos afloramientos, como es el caso del de las huellas de Santisteban del Puerto, son especialmente singulares y enigmáticos, con una interpretación controvertida. Poco a poco se van despejando las incógnitas y cada vez está más cerca la resolución del problema: ¿quién las produjo y cómo las produjo? Aquí se incluyen las interpretaciones más recientes: que el autor fue un dinosaurio bípedo y que las produjo cuando se impulsaba en el lecho de un río, o algún ambiente próximo al mar, mientras nadaba.

Algunos de los restos presentados en esta obra corresponden a hallazgos tan recientes que aún están en fase de estudio y no han sido publicados todavía en ninguna revista científica. Es el caso de los restos de cetáceos y pinnípedos de la Depresión del Guadaquivir. Esta obra, por lo tanto, es una puesta al día del conocimiento que hasta ahora tenemos los paleontólogos del registro fósil de vertebrados en el entorno de la provincia de Jaén.

No obstante, la provincia de Jaén carece de un lugar donde exponer a la sociedad todos estos descubrimientos que junto al rico patrimonio de fósiles de invertebrados conformarían un estupendo museo paleontológico. Algunos de estos restos se encuentran dispersos en distintos museos, otros guardados en los laboratorios a la espera de un destino mejor y, otros se encuentran en su afloramiento corriendo el riesgo de ser expoliados. Precisamente, el riesgo de expolio es el que ha hecho que en esta obra no se hayan dado habitualmente datos exactos de la localización de los afloramientos. El expolio es un gran problema y su práctica conlleva una gran pérdida para la sociedad, ya que cada fósil es algo único y especial que ha llegado hasta nuestros días testigo del pasado de la vida en nuestro planeta.

Se decía unas líneas antes que son pocos los restos encontrados, pero es continuo el descubrimiento de nuevos restos fósiles de vertebrados. Entre tantas toneladas de rocas, en el interior de nuestras montañas, se encuentran con seguridad más restos fósiles de vertebrados, seguramente de muchísimo interés para la comunidad científica y para la sociedad. Pero, por su escasez, es imposible programar campañas de investigación para encontrarlos. Los hallazgos son casi siempre ocasionales y en ellos se hace necesaria la colaboración ciudadana. Frente al expolio del Patrimonio Paleontológico es mejor la colaboración con los paleontólogos que sabrán investigarlos, valorar su relevancia y dar a conocer estos hallazgos a la sociedad.

El futuro seguramente nos deparará nuevos descubrimientos.

BIBLIOGRAFÍA DE INTERÉS

Alafont, L. S., 1992. Notosaurios y Placodontos (Reptilia) del Triásico Medio de Bienservida-Villarrodrigo. Instituto de Estudios Albacetenses. Diputación de Albacete, Serie 1, 60, 131 pp.

Applegate, S.P., Espinosa-Arrubarrena, L. 1996. The fossil history of *Carcharodon* and its possible ancestor, Cretolamna: a study in tooth identification. In: Great White Sharks: the biology of *Carcharodon carcharias* (Klimley, A.P. & Ainley, D.G., eds.), Academic Press, San Diego, 19-36.

Areitio, A. 1877. Peces fósiles de Lorca. Anales de la Sociedad Española de Historia Natural 6: 50-51.

Balbino, A.C. 1995. Seláceos (pisces) do Miocénico terminal da Bacia de Alvalade (Portugal). Sistemática, ecología, paleoambientes, comparação com faunas actuáis. PhD Thesis Universidade de Evora, 188 pp.

Barret, P., Sanz, J.L., 1999. Larousse de los Dinosaurios: del inicio a la extinción. Larousse Editorial, 192 pp.

Benton, M.J., 2005. When life nearly died: The greatest mass extinction of all time. Thames and Hudson, 336 pp.

Comba, J.A., (coord.), 1983. Geología de España. Libro Jubilar J.M. Ríos. Tomos I y II. IGME, Madrid, 656+752 pp.

Cope, E.D., 1896. Sixth contribution to the knowledge of the marine Miocene fauna of North America. Proceedings of the American Philosophical Society 35, 139-146.

Demathieu, G.R., Pérez-López, A., Pérez-Lorente, F., 1999. Enigmatic ichnites in the middle Triassic of Southern Spain. Ichnos 6: 229-237.

Doyle, P., 2004. Understanding fossils: An introduction to invertebrate Palaeontology. Chichester. Ed. John Wiley & Sons, 409 pp.

Durán, J.J., Nuche, R., (eds.), 1999. Patrimonio Geológico de Andalucía. Enresa, Madrid, 357 pp.

Ehret, D.J., Macfadden, B.J., Salas-Gismondi, R., 2009. Caught in the act: trophic interactions between a 4-million-year-old white shark (*Carcharodon*) and mysticete whale from Peru. Palaios 24, 329-333.

Esperante, R., Muñiz, F., Nick, K.E., 2009. Taphonomy of a Mysticeti in the Lower Pliocene Huelva sands Formation (Southern Spain). Geologica Acta 7, 489-505.

García, E.X.M., Telles-Antunes, M., Cáceres-Balbino, A., Ruiz-Muñoz, F., Civis-Llovera, J. 2009. Los tiburones Lamniformes (Chondrichthyes, Galeomorphii) del Plioceno inferior de la Formación Arenas de Huelva, suroeste de la Cuenca del Guadalquivir, España. Revista Mexicana de Ciencias Geológicas 26, 674-686.

García-Hernández, M., 1978. El Jurásico terminal y el Cretácico inferior en las Sierras de Cazorla y Segura (Zona Prebética). Tesis Doctoral Universidad de Granada, 344 pp.

García-Hernández, M., López-Garrido, A.C., Pérez-Lorente, F., 2003. Pisadas de dinosaurios en calizas del tránsito Jurásico-Cretácico del Prebético de la Sierra del Pozo (Provincia de Jaén, España). En: Dinosaurios y otros reptiles mesozoicos de España, pp. 41-48.

de Gea, G.A., Buscalioni, A.D., Aguado, R., Ruiz-Ortiz, P.A., 2001. Restos fósiles de un cocodrilo marino en el Berriasiense inferior de la Unidad Intermedia del Cárceles-Carluco. Cordilleras Béticas. Sur de Bedmar (Jaén). Geotemas 3, 201-203.

Fortuny, J., Bolet, A., Sellés, A.G., Cartanyà, J., Galobart, A., 2011. New insights on the Permian and Triassic vertebrates from the Iberian Peninsula with emphasis on the Pyrenean and Catalonian basins. Journal of Iberian Geology 37, 65-86.

Gibbons, W., Moreno, T., (eds.), 2002. The Geology of Spain. The Geological Society London, 649 pp.

Gottfried, M.D., Compagno, L.J.V., Bowman, S.C. 1996. Size and skeletal anatomy of the Giant "Megatooth" Shark *Carcharodon megalodon*. En: Klimley, A.P. and Ainley, D.G. (eds.), Great White Sharks: the biology of *Carcharodon carcharias*. Academic Press, San Diego, 55-66.

Hubbell, G. 1996. Using tooth structure to determine the evolutionary history of the white shark. In: Great White Sharks: the biology of *Carcharodon carcharias* (Klimley, A.P. & Ainley, D.G. eds.), Academic Press, San Diego, 9-18.

López-García, M.J., Bustillo, M.A. 1994. Los sedimentos con diatomeas del Mioceno en la cuenca del Guadalquivir: edad y composición litológica. Estudios Geológicos 50, 71-90.

Martín, J.M., Puga-Bernabéu, A., Aguirre, J., Braga, J.C., 2014. Miocene Atlantic-Mediterranean seaways in the Betic Cordillera (Southern Spain). Revista de la Sociedad Geológica de España 27, 175-186.

Meléndez, B., 1970. Paleontología: Tomo 1. Madrid. Ed. Paraninfo, 712 pp.

Meléndez-Hevia, I., 2004. Geología de España. Una historia de seiscientos millones de años. Rueda, Madrid, 277 pp.

Meseguer Pardo, J. 1924. Estudio de los yacimientos de azufre de las provincias de Murcia y Albacete. Boletín del Instituto Geológico y Minero de España 5, 3-83.

Mocho, P., Póvoas, L., 2010. Contribuçao para a revisão sistemática de um cranio de *Cephalotropis* Cope, 1896 (Cetacea: Cethoteriidae) do Miocénico superior (Tortoniano inferior) da Adiça (Sesimbra, Portugal). Libro de Resúmenes del III Congreso Ibérico de Paleontología, pp. 180-183.

Molina, J.M., Bustillo, M.A., Ruiz-Ortiz, P.A. 1987. The marine diatomite-dominated sediments of the Guadalquivir Basin in the Jaen province (Upper Miocene. Southern Spain). 8th IAS Regional Meeting of Sedimentolology, Tunis, 353-354.

Niemeyer, J., 2002. Invertebraten und Vertebraten aus dem Muschelkalk von Siles (Jaén), Spanien. Münstersche Forschungen Geolgie und Paläontologie 94, 99 pp.

Pérez-López, A., 1993. Estudio de las huellas de reptil del icnogénero *Brachychiroterium*, encontradas en el Trías Subbético de Cambil. Estudios Geológicos 49, 77-86.

Pérez-Valera, F., 2005. Estratigrafía y tectónica del Triásico Sudibérico en el sector oriental de la Cordillera Bética. Tesis Doctoral, Universidad de Granada, 220 pp.

Pimiento, C., Ehret, D.J., MacFadden, B.J., Hubbell, G. 2010. Ancient nursery area for the extinct giant shark Megalodon from the Miocene of Panama. Plos One 5, e10552. doi:10.1371/journal.pone.0010552.

Poza, B., Galobart, A., Suñer, M., 2008. Dinosaurios del Levante Peninsular. Instituto Catalán de Paleontología, 288 pp.

Purdy, R.W. 1996. Paleoecology of fossil white sharks. En: Klimley, A.P. and Ainley, D.G. (eds.), Great White Sharks: the biology of *Carcharodon carcharias*. Academic Press, San Diego, 67-78.

Randall, J.E. 1973. Size of the Great White shark (*Carcharodon*). Science 180, 169-170.

Reolid, M., 2003. Dinámica eco-sedimentaria durante el Oxfordiense medio-Kimmeridgiense temprano en la Zona Prebética: interpretación ecoestratigráfica y secuencial. Tesis Doctoral, Universidad de Granada, 254 pp.

Reolid, M., 2008. Fósiles de la provincia de Jaén. Colección Jaén en el Bolsillo. Servicio de Publicaciones de la Universidad de Jaén, 219 pp.

Reolid, M., 2014. *Hispaniachelys prebetica*: la tortuga más antigua de la Península Ibérica. Pangea 1, 48-49.

Reolid, M., Benton, M.J., Slater, B.J., 2013. *Hispaniachelys prebetica*: una tortuga de hace más de 155 millones de años. Reconstrucción paleoecológica y ambiental. Colección Juan Pérez de Moya, Servicio de Publicaciones de la Universidad de Jaén, 173 pp.

Reolid, M., García-García, F., Martín-Suárez, E., Reolid, J., 2014. Fósil assemblages of delta bottom set facies of the Upper Miocene of Eastern Guadalquivir Basin. Fundamental! 24, 199-201.

Reolid, J., Márquez-Aliaga, A., Reolid, M., 2014. Trace fossils and malacofauna from the enigmatic Santisteban del Puerto outcrop (Triassic, Tabular Cover): new data and interpretation. Fundamental! 24, 191-193.

Reolid, M., Molina, J.M., 2015. Record of *Carcharocles megalodon* in the Eastern Guadalquivir Basin (Upper Miocene, South Spain). Estudios Geológicos (aceptado).

Reolid, M., Pérez-Valera, F., Benton, M.J., Reolid, J., 2014. Marine flooding event in continental Triassic facies identified by a nothosaur and placodont bonebed (South Iberian Paleomargin). Facies 60, 277-293.

Reolid, M., Reolid, J., 2015. Traces of floating archosaurs: an interpretation of the enigmatic fossil footprints from the Triassic of the Tabular Cover of southern Spain. ICHNOS (aceptado).

Reolid, M., Reolid, J., 2015. Acumulaciones de restos de notosaurios relacionadas con inundaciones catastróficas en el sureste de Iberia durante el Triásico. Pangea 2, 56-61.

Reolid, M., Santos, A., Mayoral, E., 2015. Grazing activity as taphonomic record of necrobiontic interaction: A case study of a sea turtle carapace from the Upper Jurassic of the Prebetic (South Spain). Revista Mexicana de Ciencias Geológicas 32, 21-28.

Sánchez-Hernández, B., Benton, M.J., Naish, D., 2007. Dinosaurs and other fossil vertebrates from the Late Jurassic and Early Cretaceous of the Galve area, NE Spain. Palaeogeography, Palaeoclimatology, Palaeoecology 249, 180-215.

Sanz, J.L., Buscalioni, A.D., Moratalla, J.J., Francés, V., Antón, M., 1990. Los reptiles mesozoicos del registro español. Monografías del Museo Nacional de Ciencias Naturales 2, 81 pp.

Shimada, K. 2002. The relationship between the tooth size and total body length in the white shark, *Carcharodon carcharias* (Lamniformes: Lamnidae). Journal of Fossil Research 35: 28-33.

Thulborn, R.A., Wade, M., 1989. A footprint as a history of movement. In: Gillette, D.D. and Lockley, M.G. (eds.), Dinosaur Tracks and Traces, Cambridge University Press, Cambridge, 39-50.

Tjalsma, R.C. 1971. Stratigraphy and foraminifera of the Neogene of the Eastern Guadalquivir Basin (Southern Spain). Utrecht Micropaleontological Bulletins 4: 1-161.

Vera, J.A., (ed.), 2004. Geología de España. SGE-IGME, 884 pp.

Ziegler, P.A., 1988. Evolution of the Arctic-North Atlantic and the Western Tethys. American Association of Petroleum Geologists Memoir 43, 198 pp.

GLOSARIO BÁSICO

Actinopterigios: Clase de peces óseos (Osteictios) que poseen un esqueleto de espinas óseas en sus aletas finamente radiadas y una piel provista de escamas cicloideas, ctenoideas o ganoideas

Afloramiento: Área en la que la roca desnuda queda expuesta a la acción erosiva de los elementos.

Amniota: Cualquier reptil, ave o mamífero, es decir cualquier vertebrado que posea amnios durante el estado embrionario.

Anápsido: Patrón craneal sin fosas temporales.

Apófisis: Parte saliente de un hueso, en la que éste se articula o en la que se presentan las inserciones de los músculos.

Arcilla: Sedimento con tamaño de partícula inferior a 4 μm. Este término también se suele usar con referencia sólo al tamaño de partícula.

Arcilloso: Término aplicable a rocas formadas por sedimentos de tamaño arcilla.

Arcosaurios: Reptiles diápsidos, que aparecieron en el Triásico, en algunos casos con marcada tendencia al bipedismo, de los que proceden los cocodrilos, dinosaurios, pterosaurios y thecodontos.

Arena: Sedimento constituido por partículas de tamaño comprendido entre 62,5 y 2000 μm.

Arenisca: Tipo de roca sedimentaria formada por una arena litificada (compactada y cementada).

Bentónico: Adjetivo referido a organismos acuáticos que viven libres o fijos en el fondo.

Bioconstrucción: Cuerpo rocoso con límites claramente diferenciados, compuesto habitualmente por depósitos carbonatados constituido por organismos.

Bioestratigrafía: Rama de la paleontología y la estratigrafía que se ocupa del estudio de la distribución temporal de los fósiles en el seno del registro estratigráfico. Estudio y organización de los estratos en función de su contenido fósil.

Biohermo: Montículo sobre el fondo marino o lacustre, construido predominantemente por esqueletos de organismos in situ (bioconstruido).

Cabalgamiento: Superposición anormal de un conjunto geológico sobre otro motivada por presiones laterales. Los estratos más antiguos son empujados sobre otros más recientes a lo largo de un plano de fractura (falla inversa) de bajo ángulo.

Caliza: Roca sedimentaria compuesta mayoritariamente por el mineral calcita (carbonato cálcico).

Caliza condensada: Roca caliza en la que debido a una baja tasa de sedimentación está representado un amplio intervalo temporal en un reducido espesor de material.

Carbonato: Roca sedimentaria constituida por el 95% o más de carbonato cálcico ($CaCO_3$) o dolomita ($CaMg(CO_3)_2$).

Centro vertebral: Cuerpo principal de una vértebra, situado por debajo del arco neural.

Cetáceo: Mamíferos acuáticos de morfología fusiforme sin extremidades posteriores y cuyas extremidades anteriores están transformadas en aletas, el cráneo es alargado y presentan adaptaciones respiratorias.

Condrictios: Peces cartilaginosos con características anatómicas particulares como la estructura y suspensión de las aletas, y la estructura y composición de las mandíbulas y dentición.

Coracoides: Hueso de la cintura escapular que se articula con la escápula y el esternón, que sirve para anclaje de la musculatura del brazo.

Cordados: Filo del Reino Animal caracterizado por tener una notocorda al menos durante alguna fase del desarrollo embrionário. A este filum pertenecen los vertebrados.

Correlación: Establecimiento de la equivalencia entre rocas de edad similar pero de áreas diferentes.

Cronoestratigrafía: Rama de la estratigrafía que se ocupa de establecer la edad y la ordenación de las unidades estratigráficas, así como de la elaboración de una escala estratigráfica mundial.

Crossopterigios: Subclase de peces óseos de aletas lobuladas que se cree que dieron lugar a los anfibios, y que aparecieron a inicios del Periodo Devónico (hace aproximadamente 415 millones de años) pero que actualmente están representados sólo por dos especies de celacantos.

Cuarcita: Roca metamórfica formada esencialmente por cuarzo.

Cuenca sedimentaria: Área subsidente de la superficie terrestre en la que, durante un prologado intervalo de tiempo geológico, se acumulan grandes espesores de sedimento.

Datación absoluta: Determinación del lapso de tiempo transcurrido desde que ocurrió un acontecimiento geológico, expresado en cifras numéricas. La unidad de tiempo geológico es el millón de años.

Datación relativa: Ordenación de las rocas, de las estructuras geológicas y de los hechos geológicos según una secuencia u orden adecuado. Sólo se determina el orden cronológico de los acontecimientos.

Diagénesis: Todos los cambios (compactación, cementación, reemplazamiento y/o recristalización) que tienen lugar en la transformación de los sedimentos en rocas sedimentarias.

Diápsido: Patrón craneal de los amniotas que presentan dos fosas temporales (superior e inferior). Los huesos que circundan la fosa temporal superior son el parietal, postorbitario y escamoso. Estos dos últimos junto con el yugal circundan la fosa inferior.

Diatomea: Alga unicelular microscópica con pared celular silícea.

Diatomita: Roca silícea constituida mayoritariamente por restos de diatomeas.

Dinosaurios: Grupo de reptiles terrestres extinctos que vivieron en el Mesozoico.

Dolomía: Roca sedimentaria formada mayoritariamente por el mineral dolomita (carbonato de calcio y magnesio).

Durófago: Que se alimenta de organismos con un exoesqueleto duro.

Endobentónico: Adjetivo que se aplica a los organismos que viven debajo de la superficie de un sustrato, por ejemplo, en el lecho del mar o de un lago.

Eón: La mayor unidad de tiempo en la escala geológica.

Epibentónico: Se aplica a los organismos bentónicos que viven sobre la superficie del lecho marino o lacustre.

Epifauna: Organismos que viven sobre el fondo del mar o de un lago.

Época: Unidad de la escala de tiempo geológico, división de un periodo.

Era: División principal en la escala de tiempo geológico de menor extensión que los eones y que se divide en periodos.

Estructura etológica: Registro del comportamiento de los seres vivos en soportes naturales.

Especie: Grupo de organismos de aspecto similar que son capaces de procrear entre sí dando lugar a descendencia fértil.

Espina neural: Lámina de hueso situada sobre el cuerpo principal del centro de una vértebra.

Estratigrafía: Ciencia que se ocupa del estudio de las sucesiones de roca estratificadas que van a permitir la correlación y la ordenación temporal de la secuencia de materiales y procesos registrados en los mismos.

Estratos: Capas de rocas sedimentarias separadas por superficies de estratificación.

Euriápsido: Patrón craneal con una fosa temporal de posición superior circundada por los huesos parietal, postorbitario y escamoso.

Eucariota: Células que tienen su material genético encerrado dentro de una doble membrana, la envoltura nuclear, que delimita un núcleo celular. A los organismos con células eucariotas se les llama eucariontes.

Evaporita: Roca sedimentaria formada por el material que precipita a partir de disoluciones por efecto de la evaporación del agua.

Evolución: Proceso continuo de transformación de las especies a través de cambios en sucesivas generaciones de organismos.

Extinción normal: Desaparición de organismos relacionada con el ritmo normal de la evolución.

Extinción masiva: Desaparición brusca de organismos inducida por fenómenos a escala global.

Facies: Cuerpo rocoso que posee un conjunto distintivo de características.

Falla: Plano de rotura en una masa rocosa a lo largo del cual se produce movimiento.

Filogenia: Relaciones de parentesco evolutivo entre grupos de organismos.

Filo: Categoría taxonómica situada entre el Reino y la Clase.

Fósil: Restos de organismos o de su actividad (huellas, nidos, excrementos...) conservados desde el pasado geológico.

Fósil índice (o guía): Fósil que se asocia con un lapso de tiempo geológico concreto.

Género: Unidad sistemática para la clasificación de organismos con una categoría taxonómica que se ubica entre la familia y la especie. Un género es un grupo que reúne a varias especies emparentadas (aunque existen también géneros monoespecíficos).

Geología: Ciencia que estudia la Tierra, su estructura, composición y los cambios que ha experimentado y está experimentando en la actualidad.

Grieta de desecación: Estructura sedimentaria que se forma cuando el barro se seca, que presenta formas poligonales en superficie y forma de V en sección.

Holotipo (espécimen tipo): Ejemplar único elegido por los taxonomistas para que sirva como referencia a la hora de nombrar y describir nuevas especies o variedades.

Hummocky, estructura: Serie de ondulaciones suaves a gran escala, cuya génesis se atribuye a la acción de olas durante grandes tempestades.

Icnita (icnofósil): Huella fósil derivada de la actividad locomotora de un vertebrado en el sedimento.

Icnología: Disciplina geológica que estudia las estructuras etológicas en soportes naturales (rocas).

Infauna: Organismos que viven debajo de la superficie del lecho marino o lacustre.

Isquion: Hueso de la pelvis situado por detrás del pubis y por debajo y por detrás del ilion.

Lacustre: Adjetivo relativo a un lago.

Limo: Sedimento constituido por partículas de tamaño comprendido entre 62,5 y 4 μm.

Llanura de inundación: La porción plana y baja de un valle fluvial sujeta a inundación periódica.

Llanura mareal: Área pantanosa que es alternativamente cubierta y expuesta por la subida y la bajada de las mareas.

Marea: Cambio periódico en la elevación de la superficie del agua marina.

Marga: Rocas sedimentarias de composición intermedia entre las arcillas y las calizas.

Maxilar: Hueso de la mandíbula superior que contiene los dientes y que forma la mayor parte del hocico.

Medio sedimentario: Área de la superficie terrestre caracterizada por unas condiciones físico-químicas y biológicas determinadas, diferentes de las de áreas adyacentes.

Metamorfismo: Cambios en la composición mineral y la textura de una roca sometida a elevadas temperaturas y presiones en el interior de la Tierra.

Metazoo: Organismo pluricelular, heterótrofo, formado por células eucariotas que se agrupan formando tejidos, órganos, sistemas y aparatos, los cuales colaboran en la realización de las funciones de nutrición, relación y respiración.

Mineral: Material cristalino inorgánico de origen natural con una estructura química definida.

Misticetos: Ballenas barbadas que se alimentan filtrando agua.

Monofilético: Grupo de organismos que comparten un único y exclusivo antecesor común.

Nectónico: Adjetivo que se aplica a organismos de ecosistemas acuáticos que se desplazan activamente por el agua.

Nerítico: Adjetivo aplicado a organismos acuáticos que viven en zonas próximas al litoral, a diferencia de los pelágicos. También se aplica a la zona marítima correspondiente a la plataforma continental.

Odontocetos: Cetáceos cazadores con dentición característica de tipo homodonte.

Ornitisquios: Grupo de dinosaurios en los que el hueso del pubis se ha desplazado hacia atrás en una posición que queda bajo el isquion (ornitopelvianos).

Orogénesis: Conjunto de procesos que conducen a la formación de montañas.

Osteictios: Peces con esqueleto interno óseo.

Osteodermo: Estructura ósea situada dentro o encima de la piel.

Paleontología: Ciencia que estudia los fósiles y la historia de la vida en la Tierra.

Paleosuelo: Es un suelo fosilizado que se forma cuando se interrumpe la sedimentación durante un cierto intervalo de tiempo y se instala vegetación.

Parafilético: Conjunto de formas orgánicas que tienen un antecesor común, pero que no incluye a la totalidad de sus descendientes.

Pelágico: Adjetivo que se aplica a organismos que habitan en mar abierto. También se utiliza para ambientes, sedimentos, etc., alejados de la costa.

Periodo: Unidad básica de la escala de tiempo geológico en la que se subdivide una era y que a su vez se subdivide en épocas.

Pinnípedos: Superfamilia de mamíferos carnívoros adaptados al medio acuático con cuerpos alargados, extremidades cortas, manos y pies palmeados a modo de aletas, que en la actualidad incluyen tres familias: otáridos (leones, lobos y osos marinos), fócidos (focas y elefantes marinos) y odobénidos (morsas)

Pizarra: Roca metamórfica de grano fino y foliada.

Planctónico: Organismo acuático que vive flotando en la columna de agua.

Plano de estratificación: Superficie que limita un estrato y marca el final de un intervalo de depósito y el comienzo de otro.

Pliegue: Estructura tectónica de deformación en la que una serie de capas originalmente horizontales se encuentran dobladas o arqueadas.

Polifilético: Grupo de organismos cuyos integrantes pertenecen a linajes no relacionados evolutivamente.

Protozoo: Organismo microscópico, unicelular eucariótico y heterótrofo.

Pseudópodo: Extensión del citoplasma de algunas células y organismos unicelulares que sirven para la locomoción y captura de alimento.

Radiolarita: Roca con alto contenido en sílice, formada mayoritariamente por caparazones de radiolarios, organismos planctónicos unicelulares.

Ritmita: Facies constituida por la alternancia rítmica de dos litologías, usualmente caliza y marga.

Roca: Mezcla consolidada de minerales.

Roca ígnea: Roca formada por la cristalización de un magma.

Roca metamórfica: Roca formada por la modificación de otras preexistentes en el interior de la Tierra mediante calor, presión y/o fluidos químicamente activos.

Roca sedimentaria: Roca formada a partir de los productos de meteorización de rocas preexistentes que han sido transportadas, depositadas y litificadas, o bien por la precipitación química de soluciones acuosas o por secreciones de organismos.

Saurísquios: Grupo de dinosaurios en los que el hueso del pubis está alejado del isquion (sauripelvianos).

Sauropterigios: Superorden de reptiles marinos saurópsidos diápsidos que vivieron desde el Pérmico al Cretácico.

Sedimentívoro: Organismo que se alimenta de sedimento rico en materia orgánica del lecho marino o lacustre.

Sedimento: Partículas no consolidadas creadas por la meteorización y la erosión de rocas, por precipitación química de soluciones acuosas o por secreciones de organismos y que pueden ser transportadas.

Seláceo: Grupo de peces cartilaginosos de cuerpo fusiforme, cola heterocerca y boca semicircular, que incluye a los tiburones.

Sésil: Adjetivo empleado para describir organismos que viven fijos a un sutrato firme, generalmente en el fondo marino o lacustre.

Sinápsido: Patrón craneal que presenta una única fosa temporal de posición inferior, entre los huesos postorbitario, escamoso y yugal.

Subsidencia: Hundimiento progresivo de la litosfera debido a la dinámica de las placas tectónicas o a la acomodación del terreno por isostasia entre otos posibles factores.

Suspensívoro: Organismo que se nutre filtrando o atrapando el alimento en suspensión en el agua.

Tafonomía: Rama de la Paleontología que se ocupa del estudio de los procesos de transformación de los restos orgánicos y las huellas derivadas de su actividad en restos fósiles.

Tasa de sedimentación: Espesor de sedimentos depositados por unidad de tiempo.

Taxón grupo al que pertenece un organismo (especie, género, familia, orden, clase...).

Techo de un estrato: Superficie superior de un estrato que se encuentre en posición normal.

Terápsidos: Grupo de reptiles sinápsidos del Pérmico-Triásico procedentes de la evolución de los pelicosaurios. Algunas de sus familias presentan tendencias hacia los mamíferos, por lo que se les ha denominado también reptiles mamiferoides.

Terópodos: Grupo de dinosaurios saurisquios que se caracterizan por ser bípedos y carnívoros.

Tetrápodos: Animales vertebrados que poseen cuatro extremidades, incluye a anfibios, reptiles, aves y mamíferos.

Travertino: Caliza muy porosa, a veces finamente laminada, originada por precipitación de carbonato cálcico a partir de aguas ricas en bicarbonato, fundamentalmente sobre restos vegetales.

Upwelling: Fenómeno oceanográfico que implica el ascenso de corrientes frías y densas, usualmente ricas en nutrientes hacia la superficie conllevando el desplazamiento de las aguas superficiales más cálidas y pobres en nutrientes.

Vágil: Adjetivo empleado para describir organismos que viven libres desplazándose por el fondo marino o lacustre.

Zigapófisis: Apófisis por las que se articulan los arcos neurales sucesivos.

Zócalo: Mesetas y llanuras, cuyas rocas mayoritariamente metamórficas se formaron durante el Paleozoico, que han resultado de la erosión de antiguas cordilleras, y que se encuentra como base de cuencas y orógenos más recientes.